鄉村風天后 VIVIAN 不藏私
色彩、佈置、傢具採購大公開

鄉村風
訂製專賣店
Country Style

手繪天王 汪忠錠
即時描繪，型塑夢想家風格

王思文 · 汪忠錠著

Contents

序

與屋主們

從事室內設計這麼多年，每個屋主都帶給我們很多啟發，這次決定集結20個我們設計的鄉村風屋案，作為從事室內設計工作多年的里程碑，同時也將我們與屋主共同經歷的改造過程點滴做成紀錄，為那些美好的日子留下印記。

對設計者而言，一個住宅空間從設計到完成，或許只是短短數個月的時間，但是對居住的人來說，卻可能要住十年、二十年，甚至一輩子。因此，我們在做設計時，不僅只想著要怎樣把空間設計得完美，很多時候還帶著深層的感情，甚至做出超乎工作之外的陪伴與情感投入。

感謝所有屋主們一直以來對我們的支持與信任，甚至在寫書的過程中，願意再度接受出版社訪談與拍攝，沒有你們，不會有這麼精彩的作品出現，再次致上十二萬分的感謝。

～Vivian · 汪哥

共同度過的美好日子

序

出書，讓我們朝下一個里程碑邁進

　　製作這本書超乎我們想像的困難，從主編宜倩與企畫編輯竺玲擬定書的規格、尺寸、紙張，到每次開會都要有一定的進度，乃至後來還到桃園、台中等實際採購店家拍攝，每一項工作對從事設計的我們來說都很新鮮。因為每星期都在漂亮家居開會，總編輯張麗寶經常在百忙中，抽空關心製作進度，讓我們很感激。

　　為了讓家的故事，能經由照片精采呈現，我們甚至安排重返大部分的屋案現場，拍攝屋主生活在其中的樣子。拍天母許大哥家時，他和Grace夫妻倆不僅在拍照前一天大清掃，甚至一早去花市買花佈置，且不只一次對我說：

「Vivian，我們一定不會讓你丟臉！」讓我超感動的。這些可愛的屋主們，是推動我們在設計這條路上不斷進步的動力，礙於書的篇幅與主題設定，有許多遺珠之憾，書中未收錄的案子，也是設計歷程中重要而且寶貴的作品。

　　衷心期望所有屋主與買下這本書的讀者，能鞭策我們，讓我們邁向下一個里程碑。

〜Vivian

講究美感與品質，
才是對業主負責

對設計師來說，設計圖畫得再好，施工品質不佳也是枉然。我們的設計圖與完工後的作品幾乎完全相同，原因在於我有紮實的美學底子，加上多年來在工地現場的實務經驗，可充分掌握施工品質。

學藝術出身的我，只需用一支筆、一張紙，就能現場手繪3D圖與屋主討論，甚至在牆上繪施工圖與工班溝通。施工期間，可藉現場圖讓屋主了解設計全貌。討論過程中，只要屋主不滿意，立刻擦掉重畫，這是仰賴電腦繪圖的設計師無法做到的，屋主Aidan甚至替我取了「活動3D繪圖機」的綽號，讓我頗自豪。

對品質的講究，或許與我骨子裡的藝術家性格有關，我認為室內設計是良心行業，不是只重利潤的商人，許多屋主都是省吃儉用，才有錢買屋、裝修，成家不易。把品質不佳的地方拆除重做，是負責任的態度，因為我們不能賠掉屋主對我們的信賴。

這次出書，集結二十個鄉村風設計作品，把壓箱寶全都拿出來，攤在陽光下接受業主、讀者檢視，或許其中仍有不完美的部分，但我們誠意十足，希望將來有機會替更多屋主一圓成家之夢。

～汪哥

屋主真心推薦

汪哥和 Vivian 沒有很強的主觀意識,肯配合屋主需求,用專業解決問題,我們另一間新屋,還是決定交給他倆設計。
——**喬緯 & 敏卿**

從台北到上海的家都由汪哥和 Vivian 設計,他倆美感好,會替屋主做出超乎想像的設計,把預算發揮得淋漓盡致。
——**Amanda&Joe**

汪哥和 Vivian 不只幫我們打造溫暖的家,採購、佈置很厲害,收納設計細節上也有很多巧思,讓家裡永遠漂亮、整齊。
——**煜丰&于芬**

我喜歡鄉村風溫暖的感覺,汪哥和 Vivian 幫我設計了一個讓我和孩子可以常常膩在一起,不想出門的家。——**朱小魚**

從新婚的舊家到現在,我們兩間房子都交給汪哥和 Vivian,謝謝他們幫我倆完成多年夢想,又能符合未來的需求。——**許大哥 &Grace**

我對汪哥「活動 3D 繪圖機」的能力佩服得五體投地,感謝汪哥和 Vivian 幫我們設計一個溫馨、舒服,讓全家人共享的家。——**Alice&Aidan**

自從住進汪哥和 Vivian 設計的家裡，滿足了我對收納和風格的需求，讓我們每天都不想出門了。——**新富 & 文利**

汪哥和 Vivian 的設計，讓我家不論配色、收納都做得超乎想像的好，朋友都不相信我會住在這麼棒的房子裡。
——**雍凜**

汪哥和 Vivian 幫我設計了一個很棒的家，讓我們的收藏品可以好好展示出來，我已經與他倆預約下一次的設計了。
——**Nancy**

謝謝汪哥和 Vivian 幫我設計了一個溫暖的家，讓每個人都賴著不想走。——**Iris**

他倆能把屋主想要的東西做出來，甚至幫我考慮風水問題，每次房子交給他們都很放心，家裡每個地方我都喜歡。
——**高姐**

謝謝汪哥和 Vivian 總是為屋主著想，讓我可以在預算內完成夢想。——**Liwei**

汪哥和 Vivian 把我的工作室設計成一個可以輕鬆自在工作，不受干擾，又很適合交流的地方，還給我許多超乎預期的東西，讓我很感動。——**Frankie&Mina**

Chapter 1

歐式鄉村風

歐式鄉村風，應該是大家最初認知的鄉村風設計。由於歐洲歷史悠久，國與國之間也有文化差異，會出現豐富多元的語彙，若與美式、日式相較，歐式裝飾性較多，設計也較繁複。

Part 1 一定要有的元素 elementary

Part 2 住進溫暖的家 case study

木樑 ｜ 從結構衍伸的裝飾

從木屋的結構衍伸而來的木樑裝飾，在歐
式、美式與日式鄉村風都會出現，但因木
屋建築方式不同而略有差異。

格子門、窗 ｜ 創造光影變化的要素

格子門、窗，在美式、日式鄉村風也會出
現，透過玻璃格門或窗，可以為空間帶來
不同的光影變化。

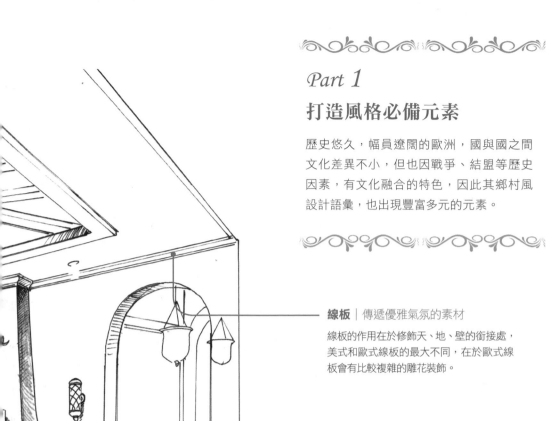

Part 1
打造風格必備元素

歷史悠久，幅員遼闊的歐洲，國與國之間
文化差異不小，但也因戰爭、結盟等歷史
因素，有文化融合的特色，因此其鄉村風
設計語彙，也出現豐富多元的元素。

線板 | 傳遞優雅氣氛的素材

線板的作用在於修飾天、地、壁的銜接處，
美式和歐式線板的最大不同，在於歐式線
板會有比較複雜的雕花裝飾。

壁爐 | 講究的裝飾性雕琢

高緯度的歐洲，普遍有使用壁爐取暖的需
求，歐式壁爐設計，相較於美式壁爐，造
型更講究，且有更多裝飾性雕琢。

傢具 | 為空間帶來復古氛圍

歐式傢具歷史悠久，特色因年代不同，用
於鄉村風的傢具，偏古典且有巴洛克裝飾
性語彙，為空間帶來復古氛圍。

01 格子門、窗

創造光影變化的要素

玻璃格子門、窗的設計，普遍出現在鄉村風的空間之中，不論歐式、美式、日式都經常使用。

格窗具有引進光線且創造豐富光影變化的效果，歐式格窗的門、窗框架通常以木作材質效果最佳。且用色多半為白色、米白色系為主，也有人為了特殊效果，會選用紅色、綠色、藍色，甚至咖啡色的格子門、窗。

格子門窗的形式，因應不同的空間條件，可以設計為軌道推拉式，或對開形式，甚至可設計為拉折門，而其尺寸大小，同樣必須依照空間條件做出合宜的尺度，太大顯得呆板，太小又有點小家子氣。對開形式的格窗，還可在下方增設層板，置放鄉村風雜貨或植栽作裝飾佈置。

玻璃格窗

利用圓拱造型的大片格窗，為客廳引進自然光，同時創造豐富的光影效果。

對開格窗

對開形式的格窗，下方增設層板，可以隨興放置鄉村風的雜貨或植栽作為空間裝飾。

02 壁爐

講究的裝飾性雕琢

對於位於高緯度的歐洲國家來說，壁爐既是實用的取暖設備，也是空間裝飾的一部分。

真正造訪歐洲，就會發現原來壁爐的尺寸還真不小，原因是許多歐式木屋建築高度頗高。但用在台灣，尺寸就得因應建築高度等比例縮小，以免產生空間壓迫感。

歐式壁爐在材質和美式大同小異，同樣有磚砌、石材等不同材質，最大的差異在於裝飾性的雕琢。由於壁爐在亞熱帶的台灣，已成為裝飾性設計，因此可用文化石取代真正的石材或磚造效果，當然也有一體成型的ＰＶＣ材質，或利用木作、線板刻畫雕樑畫棟的巴洛克裝飾效果。

磚砌與雕飾結合的壁爐

用文化石取代磚砌效果，再結合木作外框的裝飾性壁爐，非常適合用於客廳。

石材端景式壁爐

直接用大理石材雕刻或用木作仿造巴洛克式雕琢的端景式壁爐，結合鏡子的設計，可創造玄關或客廳端景。

03 線板

傳遞優雅氣氛的素材

線板最初的作用，是為了修飾、美化天、地、壁的銜接處，後來甚至獨立成為壁面的裝飾性藝術。

歐式線板和美式線板最大的差異，在於歐式線板具有豐富的裝飾性雕花圖案，尤其法式鄉村風的線板，表現更是精緻、細膩，線條也較為纖細，甚至可以說已偏向古典或新古典的表現手法。

至於線板的顏色，多半以白色、米白色系為主，材質則有木質、PVC等不同選擇，當然價位與質感也有明顯差異。

繁複的線板設計，可以創造壁面端景，也可以和壁紙等素材搭配，不僅突顯歐式鄉村風的設計風格，更能營造優雅的生活氛圍。

歐式線板

線條細膩，層次豐富，且可以有繁複的裝飾性設計的歐式線板，最能傳遞優雅的生活氛圍。

04 傢具

為空間帶來復古氛圍

傢具是突顯風格特色的重要元素，歐式傢具設計會因不同年代與國家而略有差異性。

但一般歐式鄉村風的傢具，通常會挑選較偏古典風格的設計，不僅在椅腳會出現曲線造型，甚至有獸爪等巴洛克式華麗裝飾，椅背或坐墊不論採用繃布或繃皮材質，往往有釘釦或鉚釘設計。

至於各式收納櫃體的設計手法，也極盡展現工匠雕琢藝術之能事，具有繁複的裝飾性溝槽，或在櫃腳出現車工繁複的葫蘆柱，和美式傢具偏簡約、俐落的造型和線條截然不同。透過裝飾性十足的傢具陳設，可以為空間帶來典雅的復古氛圍。

釘釦單椅

實木雕刻的曲線椅腳和略為外翻的扶手造型相呼應，獸腳裝飾以及釘釦式椅背設計，突顯歐式的華麗設計。

古典餐椅

經典款圓形椅背的餐椅，車工講究的葫蘆柱椅腳是最大設計特色，其圓形椅背設計，則是 Philippe Starck 所設計的現代名椅 Ghost Chair 設計的原型。

雕花實木餐櫃

以實木材質打造，雕工精細的歐式餐櫃，不僅在門片出現繁複的曲線溝槽，即使側面也會做多層次線板處理。

05 木樑

從結構衍伸的裝飾

木樑設計，普遍存在於各種不同型
式的鄉村風裡，雖然目前已經成為
裝飾性的天花板設計，但是最初的
起源，則來自鄉村木屋的結構。

因此木樑的設計，可以是平行排列
的序列，也可能是如斜屋頂的設
計，而斜屋頂的造型，也可以多種
不同的變化。

作為裝飾性天花板設計的木樑，其
實並沒有支撐天花板的結構作用，
反而是用來修飾現代鋼骨結構或鋼
筋水泥結構建築物的結構樑。

木樑的材質可以直接使用實木，或
者利用木作貼皮的方式來呈現，兩
者在質感與價格上會有明顯差異，
但若選用實木貼皮，其實在視覺效
果上不會有太大落差。

平行木樑

從木屋結構衍伸而來的平行序列木
樑，鄉村風常見元素，用於現代建
築，除了營造風格之外，多半具有
修飾結構樑的作用。

結構性造型木樑

從木屋的結構樑衍伸的木樑設計，
有可能會因應屋頂的形式而有不同
的變化，這種結構性造型木樑，通
常可以作為隱性空間界定。

新北市 ·80坪 ·4人 · 二層樓透天 ·4房2廳3衛

陰鬱中古屋大翻轉，
重生成熱力四射的托斯卡尼大宅

│ **于芬 & 煜丰** │在前屋主裝修過，位於山區的透天住宅裡住了許多年，因採光、通風不好，家裡甚至有間堆滿雜物，沒人想進去的陰暗房間。喜歡鄉村風的于芬終於受不了，提出改造的要求，原本鍾情現代風的煜丰，也受到感染，決定用充滿陽光與熱情的歐式鄉村風改造自己家。

攝影＿Amily

◎ 屋主這樣説

想讓家變溫暖、明亮

當初買了裝潢屋，未特別花錢改造。住久了之後，覺得房子太過陰暗、寒冷，甚至有房間平常根本不想進去，變成堆滿雜物的儲藏室，再加上孩子漸漸長大，需要獨立空間，決定照于芬想要的鄉村風，把家改造得明亮而溫暖。

 ## 設計師這樣想

大膽用色，改變格局，讓家徹底變身

用明亮的色彩，開闊無隔間的格局，讓原本陰暗，通風採光不佳，又因現代風冷冽素材顯得陰沉的中古屋。一百八十度大翻轉，變身為以歐式鄉村風語彙為主的溫暖住宅。

許多買下裝潢屋的屋主，剛開始都覺得不用花錢裝潢很不錯，住得愈久愈覺得風格與實用性都跟自己不合拍，煜丰與于芬就是典型的例子。

買下位於新北市郊區的透天住宅，沿用既有裝潢許多年，老覺得房子太過陰暗、潮濕，住久了讓一家人都失去活力。當我們初次見面時，于芬說她喜歡鄉村風；但煜丰其實偏好現代風格，疼太太的他，最後也被說服，決定用南歐義大利托斯卡尼的風格作為空間設計主軸。

打造托斯卡尼艷陽下的明亮空間

原本玄關入口的設計不良，把大好光線都阻絕了，客、餐廳更以一道實體隔間牆區隔，連餐廳都變陰暗，一進門就覺得暮氣沉沉。加上現代風格的不鏽鋼、玻璃等冷冽的材質，更讓山區住宅變得冷颼颼，與煜丰和于芬夫妻倆開朗的個性完全不搭調。

我們不只改變玄關入口位置，拆掉隔間牆，把客、餐廳改成開放式格局，甚至將樓梯實牆改為曲線造型，把光線引進屋。再利用如義大利托斯卡尼艷陽般的亮橘色妝點公共空間，讓房子頓時變亮，也溫暖多了。

原本陰暗堆滿雜物的房間，也因為用了玻璃格窗把光線引入，成為一家四口和樂共享的書房。樓梯下方的儲藏室，更透過手工彩繪的太陽花圖案，預告著一家人熱力四射的嶄新生活。

1 **善用空間，滿足進出的收納需求。** 玄關做出大尺寸的鞋櫃，滿足一家四口龐大的收納量，同時也特別貼心設計穿衣鏡，可抽拉的設計巧妙與櫃體結合，一點都不佔空間。而在地坪利用復古花磚巧妙界定空間，也為居家注入歐式的繽紛活力。

2 **熱力四射的太陽花壁畫。** 每個家我們都會留下藝術性的個人化家徽。除了在玄關設計拼花地坪之外，利用手工彩繪的太陽花壁畫，裝飾樓梯下方的儲藏室門，彷彿宣告著熱力四射的新生活。

3 **用亮橘色改變生活氛圍。** 原本以現代風格裝潢的家，色彩暗沉，顯得暮氣沉沉。當我們在公共空間選擇了彷彿托斯卡尼艷陽下的亮橘色之後，整個房子彷彿活了起來，人生也變成彩色了。

1

2

3

無所不在的鄉村風語彙

除了樓下的空間格局和色彩改變，為家帶來溫馨陽光的氣氛之外，樓上屬於私領域的主臥、小孩房，當然也跟著一起改造。

原本單純作為行走動線的走道區，經重新規劃，利用鄉村風的玻璃格窗，為沒有對外窗的女孩房引進光線，且以清新的綠色鋪陳，形成另一起居空間。主臥運用浪漫的紫色，男孩房則選擇活潑的黃色，女孩房當然是甜美的粉紅色，鮮豔的用色，讓家變得活潑而有朝氣。

家中處處都可見到鄉村風的設計語彙，包括客廳的文化石壁爐電視牆，客廳、餐廳如歐洲木屋的兩種不同天花板造型，及引光的百葉窗、玻璃格窗、拱門等設計，處處都可見到歐式鄉村風的設計語彙。

而傢具、燈飾的選擇，當然也偏向繁複且古意盎然的歐式設計。尤其是客廳和餐廳的兩盞主燈，讓整個家彷彿化身歐洲古堡。

4 以格窗引光，打造家人最愛的書房。原本陰暗的房間，拆除隔間牆之後，改以玻璃格窗和餐廳區隔，變成一家人最喜歡的書房。量身訂製的書櫃，還搭配了一道木梯，營造如圖書館般的書香氣息。

5+6 突顯風格兼具實用機能的壁爐電視牆。客廳的電視牆，利用白色文化石打造彷彿磚砌的壁爐造型，其實兩側對稱式門片內，隱藏超大容量的儲藏室，分別收藏孩子們的玩具、腳踏車，及日常用品等雜物。

7 貼心實用的鄉村風穿鞋椅。原本廚房的廚具並未換掉，僅在前方增設一個鄉村風造型的穿鞋椅，貼心的設計，讓一家人從地下室停車場上來後，可以輕鬆地坐在這裡換穿室內鞋。

即使是實用性的收納
也要用百葉、綠板溝槽等設計來美化門片

法哥

8 讓走廊變身鄉村風的起居室。位於二樓，串聯各個房間的長走道，利用玻璃窗，為沒有對外窗的女孩房引進光線，並利用空間放置沙發、茶几，善用樑柱下方規劃帶有歐式風格的收納櫃，以及窗邊的茶水櫃，讓這一區變身為帶有鄉村風特色的另一起居室。

9 用紫色營造朦朧美。運用浪漫的紫色，搭配可調節光線的百葉窗，為臥房帶來朦朧美，再搭配歐式鄉村風的寢具和床頭櫃，讓寢居氣氛徹底改變。

攝影 _Amily

于芬：本來以為選擇鄉村風，家裡會很亂，
　　　沒想到反而更整齊。

Vivian：其實我們的鄉村風不只注重風格營造，
　　　　收納設計更是我們的強項。

與歐式長桌最搭調的燭台燈

餐廳放置了一張厚實的木質長餐桌，因此上方刻意搭配復古的長形燭台燈。

攝影_Amily

佈置巧思

把歐洲古堡氛圍帶進家裡

歐式鄉村風最大的特色就是頗有古意，裝飾意味也很濃厚，因此選擇傢具、傢飾佈置，也會朝這個方向選。不論客廳、餐廳的仿燭台燈，或放在圓拱造型中的花卉佈置，或者兼具留言作用的可愛鄉村風黑板掛飾，都可以為如同歐洲古堡的空間，增添些許浪漫。

隨季節替換的佈置

以圓拱造型搭配層板架的設計，營造歐式古堡的意象，可隨季節性變化的花卉和掛飾，隨時可以變換空間氛圍。

俏皮留言的黑板掛飾

鄉村風的裝飾之中，有些是非常實用的，可留言的黑板掛飾，成為家人另類的溝通方式。

攝影_Amily

**格局
大改造**

問題點 1：玄關入口設計不良，光線無法進入室內。

問題點 2：餐廳有隔間牆讓室內變陰暗。

Before   →   After

---

1 改變玄關入口，引進光線

將玄關入口改個方向，原入口增設一扇窗，立刻就能改善室內採光。

2 拆除隔間牆，視野大不同

客廳和餐廳之間的隔間牆拆除，樓梯間隔牆也改成曲線造型，開放式的客、餐廳，視野與採光截然不同。

苗栗縣 ·3人 ·65坪 ·4房2廳2衛

就是要歐式浪漫，
為鄉村風控打造夢想住宅

｜**朱小魚**｜在竹科工作的小魚，平常
喜歡逛街，收藏了一屋子的鄉村風雜
貨，但之前和家人同住，無法把心愛
的收藏展示出來。當她買下這間預售
的透天住宅，過往編織的鄉村風夢
想，終於得以實現，希望透過專業規
劃，好好地將自己的珍藏展示出來。

想要屬於自己的歐式浪漫

原本和家人同住，買了自己的房子後，終於可以用浪漫的歐式鄉村風設計自己的家，而且還能把收藏多年的鄉村風雜貨通通展示出來。由於透天住宅有個後院，也希望透過設計，實現從自家庭園採香草植物做料理的願望。

設計師這樣想

開一扇窗，打造歐式庭園住宅

喜歡鄉村風的小魚，不只收藏許多鄉村風雜貨佈置，也喜歡園藝，但之前和家人同住，一直無法實現用鄉村風打造自己夢想住宅的願望，透過廚房的開窗設計，以及架高地坪的多功能空間，讓廚房與後院銜接，變成休閒感十足，且綠意盎然的歐式鄉村風空間。

鄉村風給人充滿愛與溫暖的印象，對於在科技業工作的朱小魚來說，每天工作忙碌之後，回到溫暖的家，是讓自己面對高壓工作的最大動力。在她心中，一直藏著一個鄉村風住宅夢，不過之前一家人和妹妹都與母親同住，無法實現夢想，直到買下這間預售的透天住宅後，終於踏出築夢的第一步。

然而我們並非小魚選擇的第一順位設計公司，但前一個設計公司雖與她簽了約，卻遲遲無法交出她想要的設計，溝通也始終是雞同鴨講，最後只好退費解約了事，當小魚找我們洽談後，終於她的築夢計畫可以繼續下去。

打造彷彿旅遊節目場景的鄉村風

雖然小魚在科技業工作，但讓我們印象深刻的，是她說「我很羨慕旅遊節目的料理主持人，可以從廚房走到庭院，採了香草植物進屋後繼續做料理！」為了她心目中夢想的這個生活場景，我們決定在預售屋客戶變更期間，將格局微幅調整，除了在原本封閉的廚房開了一扇窗，並將樓梯間的牆改為曲線造型，再利用架高地坪的設計，增設一個與後院銜接的多功能起居空間。

因為這扇窗，讓家裡彷彿庭園咖啡廳般，變得休閒感十足，而喜歡園藝的小魚，也終於可以實現多年來在自家拈花惹草的心願。透過這扇窗，讓小魚在閒暇時，可以邊做料理，邊與親友互動，過著當初讓她欣羨不已的生活。

此外，為了滿足喜歡收藏鄉村風雜貨的小魚，我們善用歐式鄉村風的語彙，在客廳用文化石打造電視牆，再利用線板勾勒經典歐式鄉村風空間。一樓的開放式書房區，則用木樑修飾空間，讓她珍藏的傢飾、燈飾，有了絕佳展示空間。

1 **文化石電視牆突顯歐式鄉村風。**從玄關開始就以黑白對比的磁磚拼貼展現歐式風格，客廳的電視牆則用鄉村風語彙的文化石打造，讓風格更鮮明，讓小魚收藏的木製鄉村風時鐘，也可以恰如其分的展示出來。

2+3 **打開心窗與人交流。**工作忙碌的小魚，閒暇時喜歡園藝、料理，串聯廚房、多功能起居室和後院的歐式玻璃對開窗的設計，讓她隨時都能與親友頻繁互動，彷彿也打開了彼此的心窗。

2

3

多色彩、是鄉村風設計與其他設計風格最大的差異、
運用得宜會讓生活變得更多采多姿

汪哥.

不是民宿也能多「彩」多姿

在裝修過程中，附近的鄰居也對小魚家到底會變怎樣，感到很好奇，甚至有人還信誓旦旦地說：「我知道，她一定是要開民宿。」

會讓人有這樣的印象，是因為我們在每個空間都選用大膽而鮮豔的色彩。除了玄關低調的以黑白配的地坪拼貼外，一樓客廳和書房的壁面色彩，是亮麗的橘色；到了與後院銜接的起居間，則又是鮮明的綠色。上了二樓的樓梯間，我們選擇了紅色系的主牆，主臥房則是小魚鍾愛的紫色，小孩房又變成清爽的淺藍色。到了三樓，妹妹的房間以她喜歡的異國風的深藍鋪陳。繽紛多彩的用色，難怪讓鄰居誤以為要開民宿。

當空間逐漸完成後，就是小魚收藏的鄉村風雜貨與傢飾粉墨登場的時刻。客廳、書房都用了復古的華麗歐式吊燈，進入起居間則以裝飾性十足，色彩鮮豔的鸚鵡燈製造話題性。各式各樣的壁飾、掛畫，也輪番上陣。儘管儲藏室還放了一堆沒派上用場的裝飾品，鄉村風控的小魚，依舊忍不住手癢，經常帶回各式各樣的傢飾，讓人嘆為觀止，然而可以親手佈置自己的家，就是讓工作繁重的小魚紓壓的最佳方式。

4 **用歐式語彙打造開放式書房**。一樓客廳旁邊，利用歐式鄉村風語彙的吊櫃、書桌，打造一個開放式書房，上方則利用木樑修飾結構樑。書房側面的收納櫃，還可將大型日用品如電扇、吸塵器或小家電藏在裡面。

5 **一扇窗，改變看世界的角度**。原本是制式封閉隔間的廚房，刻意開了一扇窗，樓梯間的牆也退掉，改成曲線造型區隔，藉此完全改變視野，讓空間變得更開闊，再透過架高地坪的設計，讓起居空間和後院連成一氣。

6 **兼具收納機能的窗邊臥榻**。主臥房利用沿窗區規劃歐式風格的窗邊臥榻，下方則設計抽屜式收納，讓這一區成為兼具休憩機能與實用收納的多功能空間。

7 **清爽的淺藍色男孩房**。已經上國中的男孩房間，不能在用太過稚氣的顏色或圖騰。因此我們利用清爽的淺藍色，搭配白色系統櫃與歐式床組、單椅，展現青少年特有的活力與朝氣。

5

6

7

朱小魚：還好找到你們，讓我終於可以實現鄉村風的夢想。

Vivian：真的要找對設計師，才不會讓夢想破滅。

讓設計更有型的木質掛鐘

客廳的電視牆並未用文化石做滿，刻意留白的設計，讓小魚挑選色彩繽紛的木質掛鐘有了最佳表現舞台。

佈置巧思

空間留白，讓軟裝佈置粉墨登場

鄉村風的佈置是非常重要的關鍵，因此空間不能設計得太滿，用色也不能太過混雜，單純的色彩和適度留白，才能讓色彩繽紛，造型多變的鄉村風佈置可以順利粉墨登場。

不同造型的窗型掛飾

小魚對於不同造型的鍛鐵窗型掛飾情有獨鍾，儲藏室裡收了許多不同造型的窗型掛飾。因此我們在玄關、客廳，甚至樓梯間的端景牆都掛上這些裝飾，讓她的收藏品重見天日。

歐式傢具突顯設計風格

以浪漫紫色系打造的臥房，床頭主牆貼附帶有歐式古典風格的大馬士革圖騰壁紙裝飾，再搭配精雕細琢的古典歐式床組和與之呼應的床頭櫃，更能突顯歐式鄉村風的設計特色。

case
03

中國上海　·120坪　·3人　·3層樓別墅　·4房2廳4衛

用歐式鄉村風，
打造熱情洋溢的西班牙大宅

｜**Amanda&Joe**｜因為工作關係，
經常往返兩岸的 Amanda&Joe，
非常喜歡鄉村風，不只台北房子是我
們設計的鄉村風住宅。當他們在上海
買下這間透天住宅後，設計當然不作
第二人想，再度由我們操刀，打造成
熱情洋溢的西班牙大宅。

屋主這樣說

想把家變成西班牙

我們買的這棟透天住宅，本身就位於上海的西班牙區，因此我們想要用帶有佛朗明哥熱情、充滿異國色彩的西班牙式鄉村風，作為整棟房子的設計主軸。

設計師這樣想

明亮、熱情的佛朗明哥印象

當 Amanda&Joe 提出要把位於上海的透天住宅打造成西班牙風格時，首先闖進腦海裡的，就是熱情洋溢的佛朗明哥舞，那色彩濃豔的舞衣，充滿激情的舞蹈動作，讓人難以忘懷。因此我們決定用高明度、彩度的紅、黃色，以及歐式鄉村風復古、華麗的裝飾，營造充滿活力的西班牙鄉村風。

我們有很多舊客戶，即使買了新房子，還是會回頭找我們設計，原因是透過第一次默契十足的裝修合作，彼此已不再是客戶和業主關係，而變成交情匪淺的好朋友，Amanda&Joe夫妻倆，就是其中之一。

最初合作愉快的裝修經驗，讓我們成為無所不談的好友，雖然因為Joe的工作關係，夫妻倆像空中飛人般，頻繁往返兩岸，但只要他們回國，我們都會找時間相聚。當他們買下位於上海的透天住宅時，我們的跨國設計工作就此展開。

零時差溝通，定調西班牙風

因為對彼此的信任，這次我們完全透過通訊軟體與E-mail越洋溝通討論，喜歡鄉村風的Amanda說：「我們這一區就是西班牙區，如果把房子設計成西班牙風格，你們覺得怎樣？」歐式鄉村風對我們來說並不陌生，但每個國家各有不同特色，想到西班牙，第一印象就是熱情的佛朗明哥舞，鮮豔的舞衣，激昂的舞蹈動作，讓人心情為之澎湃。

Amanda上網找了很多圖片，我們也特地飛到上海丈量，並在討論過程中，決定把如同西班牙佛朗明哥舞衣般強烈而鮮豔的紅、黃色系放進公共空間裡，再搭配華麗復古的歐式傢具與軟裝佈置，呈現西班牙式的鄉村風。所有設計細節，都透過通訊軟體溝通逐一定調。

設計定調，工程卻不見得如願進行，雖然我們找了當地設計師配合，但因文化差異的關係，跨國施工品質不易掌握，有些對我們來說司空見慣的工法，對方卻完全無法理解。例如餐廳區我們用拼花磁磚和木地板銜接的手法，就讓工班百思不得其解，不斷向我們反映：「這樣地坪會有高低差！」經過不斷溝通解釋，且耗損許多磁磚，甚至請Joe趁回台灣時，親自扛了一批備料磁磚回上海，終於大功告成。

1 **高彩度配色傳遞熱情。**黃色的牆色，搭配鮮紅的沙發，熱情洋溢的西班牙印象躍然眼前，如同佛朗明哥舞衣般的高彩度、高明度的用色，頓時讓空間風格定調。

2 **創造光影趣味的彩繪玻璃門。**玄關選擇了一扇創造趣味光影的彩繪玻璃門，搭配華麗的馬賽克拼貼地坪，讓人聯想到西班牙建築師高第鞠躬盡瘁，至今未完工的聖家堂意象。

1

2

將夢想場景放進設計中

在設計討論的過程中，我們和Amanda無所不聊。有一天，她不經意地說出：「好想去希臘度假！」但因Joe的工作很忙，一直無法成行，於是我們決定把他們夢想中的旅遊場景，變成玄關壁畫，一來讓兩人得以神遊希臘米克諾斯；另一方面，則是提醒Joe，別忘了抽空和親愛的老婆一起去度假。透過這個壁畫，整體空間風格，也多了一絲絲地中海休閒氣氛。

對於私領域的寢居設計，Amanda希望主臥帶有摩洛哥的異國情調，因此我們特別用壁紙為她設計造型牆，滿足她對異國風的喜好。位於三樓的起居空間及與之串聯的玻璃屋，也是Amanda的構想。因為她很希望有一個能悠閒地喝下午茶，且能夠在夜間小酌賞景的空間，因此我們用玻璃屋概念，將陽台規劃成另一休憩區，與三樓的起居室連成一氣。

二樓除了長輩房、小孩房、遊戲室之外，還有專屬於這一層樓的起居空間，利用鄉村風語彙的木樑和文化石牆鋪陳，搭配鐵件時鐘與藍色沙發，讓家中每一處都能呼應歐式鄉村風設計語彙。

3 **把夢想場景變成手繪壁畫。**因為 Joe 的工作忙碌，一直無暇前往 Amanda 心中嚮往的希臘旅遊。透過玄關高聳的手繪壁畫，讓夫妻隨時都能神遊希臘米克諾斯，共享浪漫的夢中場景。

4 **活潑明朗的起居室。**二樓除了小孩房、遊戲室與長輩房之外，另設起居室。以鄉村風慣用語彙的木樑、白色文化石牆鋪陳，再搭配木質掛鐘和藍色沙發，讓空間顯得活潑而明朗。

5 **古意盎然的餐廳區。**利用復古磚和木地板兩種不同材質銜接地坪的餐廳區，雖因文化差異，讓工程一波三折。但完成後，搭配西班牙式的實木餐桌椅，以及一盞復古的歐式吊燈，顯得古意盎然。

6 **讓陽光灑落的玻璃屋。**三樓與起居室銜接的戶外陽台，利用玻璃屋概念設計，搭配可遮陽的捲簾，不論喝下午茶、品茗、小酌，內外皆宜。讓這一區不分季節，不管白天、晚上，都是最佳休憩場所。

想成功打造鄉村風格，必須把預算花在關鍵的設計語彙上，才能突顯最對味的風格。

汪哥

Amanda：我最欣賞你跟我説過的裝修牛肉麵理論，
　　　　　錢真的要花在刀口上，才值回票價。

Vivian：當然啊！預算一定要花在刀口上，玄關、客、　餐廳
　　　　　等公共空間，所有人都看得到，一定要有牛肉。
　　　　　自己的房間，關起門來就無所謂，可以只喝湯就好。

復古燭台與實木桌椅營造懷舊氛圍

深色實木餐桌椅，最能帶出西班牙
的特色，桌上佈置復古的燭台，讓
空間帶著一點懷舊氛圍。

佈置巧思

色彩濃烈的西班牙式佈置

高彩度、高明度的色彩，是西班牙給人的深刻印象，橘、紅、黃的
暖色調軟裝佈置搭配深色實木傢具配置，以及華麗、復古的燈飾和
傢飾，讓人身處其中，也隨之熱情奔放。

面面俱到的掛鐘

客廳高聳的天花板，最適合搭配華麗的
吊燈，捨棄壁掛式的時鐘，選擇一盞獨
特的四面鐘，不論身處哪個角落，都能
確知時間。

摩洛哥情調的寢居設計

雖然整體空間設計以西班牙風格為主，但對於喜
歡摩洛哥異國情調的 Amanda 來說，臥房可
以來點不一樣的設計，因此我們用壁紙造型牆，
突顯摩洛哥的特色，讓她在家就像出國度假。

新北市 ·30坪 ·2人 ·2房2廳2衛

大膽創新，
勇於實驗的歐式鄉村風住宅

|喬緯 & 敏卿| 曾在國外留學，經營
進口塗料生意的喬緯 & 敏卿，非常喜
歡鄉村風的設計，原本住在自家店鋪
樓上的兩人，買了新房子一年之後才
動工裝潢，想把自己的家用自然質樸
的歐式鄉村風打造，並且成為自家塗
料使用的實驗場。

只想要自然質樸的鄉村風

我和太太都很喜歡鄉村風,也喜歡收集鄉村風雜貨、公仔等佈置,加上自家進口的塗料和室內設計密不可分,很希望能透過這次的裝修,將環保自然的塗料放進歐式鄉村風的空間裡,讓家成為最佳展示場。

設計師這樣想

用原味自然打造歐式鄉村風

喬緯 & 敏卿夫妻倆對設計很有概念,也提出自己想要的材質與需求。我們也樂於與他們一起進行一場室內裝修實驗。在空間風格上,用壁爐電視牆、文化石材質,塑造歐式鄉村風,再搭配環保的珪藻土、進口實木專用塗料以及馬來漆等不同效果素材,打造自然原味的歐式鄉村風。

喜歡歐式鄉村風設計的喬緯＆敏卿，原本住在自家店鋪樓上狹小的空間裡，但住辦合一的生活品質並不好。買下這間位於淡海新市鎮的新成屋後，他們很積極找了很多設計公司，想打造心目中期待的歐式鄉村風，但都因為他們預算關係而婉拒，直到敏卿找到我們，初次洽談彼此就一拍即合。

因為他們夫妻倆從事與室內設計相關的進口塗料生意，對室內設計也頗有概念，希望在這次裝修中，充分運用自家產品，打造自然質樸的生活環境，我們也樂於跟他們一起進行裝修實驗。

用鄉村風語彙，進行裝修實驗

敏卿非常喜歡鄉村風的壁爐，喬緯說：「客廳的壁爐是她的堅持。」因此我們善用不做到頂的壁爐電視牆，區隔客、餐廳的使用空間，兩區的天花板設計，則用實木作出不一樣的造型，而他們也使用自家進口的環保木器塗料，保有原木材質會呼吸的特質。

餐廳主牆我們大膽使用金色馬來漆，營造如油畫般的獨特效果。天花板與壁面則大量運用可調節室內濕度的珪藻土，因應淡水潮濕的氣候。鄉村風語彙常用的文化石，在餐廳以喬緯喜歡的磚紅色鋪陳，客廳沙發背牆則選擇與白色為基調的空間呼應的色系。

喬緯對色彩的接受度很高，在餐廳和過道上，他都選擇略帶綠色的大地色系，他笑說：「還沒完工時，我爸對我選的顏色很有意見，讓我被念了很久。」但完工後，老人家覺得他選的顏色效果挺不錯，與空間設計很搭調；主臥房除衛浴隔間，用玻璃隔屏與格門引進光線之後，選擇敏卿想要的Tiffany藍，他們甚至拿著包裝盒比對色號，不愧是經營塗料的行家，讓空間變得更時尚、亮眼。

1 **用歐式壁爐電視牆區隔客、餐廳。** 敏卿對於歐式壁爐情有獨鍾，因此利用不做到頂的壁爐造型電視牆區隔客廳和餐廳，既不會影響採光與通風，也能夠突顯設計風格。再搭配不同的天花板造型，明顯劃分兩個空間。

2 **開闊格局，改變空間尺度。** 原本客廳區有一道隔間牆，捨棄這道實牆後，客廳的尺度明顯放大，窗外的景致一覽無遺，視覺絲毫不受阻礙。再利用裝飾性的木樑修飾結構樑，保留空間最大挑高。

3 **大膽用色，空間層次更豐富。** 餐廳區我們採用喬緯選擇的金色馬來漆，如油畫般華麗且層次豐富的塗料效果，在歐式鄉村風中非常適合。這樣的大膽實驗，甚至讓喬緯後來與客戶洽談時，無須多費唇舌解釋效果。

利用金色馬來漆、大地草綠色鋪陳、
突破一般保守用色的思維、
空間視覺就更精彩讓家更出色！

洺哥

獨一無二的量身訂製

量身訂製，是我們每個案子的設計特色，不論是收納櫃、展示層板，甚至傢具的設計，都會因應不同屋主的喜好與特質而異。

喜歡出國旅遊的喬緯和敏卿，收藏了各地不同的限量馬克杯。因此我們特別在客廳為他們用企口板與實木層架規劃展示牆，讓他們能隨時把玩自己的收藏。連電視牆旁的畸零空間，也用玻璃層板設計展示架，滿足他們佈置、賞玩的需求。

為放大公共空間的尺度，我們捨棄了一道隔間牆，讓書房和客廳呈開放式設計，書房區利用地中海風格的曲線隔屏和玄關區隔，並利用壁面規劃對稱的歐式書櫃兼展示櫃，讓喬緯和敏卿收藏的公仔，擁有最佳展示空間。

此外，餐廳旁的邊櫃、玄關的端景櫃，全都由木工量身訂製而成，質樸的原木色系，搭配喬緯選擇的德國進口木器塗料，更能突顯鄉村風的自然特色。

4 **地中海風的玄關隔屏。** 入門處利用進口磁磚拼花地板界定出玄關的空間，再透過帶有地中海風格特色的曲線隔屏與書房區隔。不僅可以避免穿堂煞的風水問題，也非常符合歐式鄉村風的設計語彙。

5 **獨一無二的馬克杯展示牆。** 每個屋主都有自己心愛的收藏，喜歡出國旅行的喬緯和敏卿，收集了非常多各地限量的馬克杯，為了讓這些收藏品可以用最美的姿態展示出來，我們用企口板和開放式實木層架，為他們量身訂製獨一無二的展示區。

6 **忠於原色的 Tiffany 藍。** 拆除衛浴隔間，用玻璃隔屏與格子門引進光線的主臥，選擇知名珠寶品牌 Tiffany 包裝盒的藍色，夫妻倆甚至帶包裝盒比對色票，讓臥房設計增添些許時尚感，變得更亮眼。

4

5

6

喬緯：因為想要控制一定的預算，我們找了很多設計師
都被拒絕，差點就要放棄了，還好有你們。

Vivian：只要用心設計，就可以在預算內打造鄉村風！

佈置巧思

復古的歐風傢具、傢飾

歐式鄉村風和美式最大的不同，在於傢具、傢飾、燈飾的裝飾性比較強，設計也較為繁複，且多半帶著些許古典、復古氛圍。透過這些比較華麗的軟裝佈置，可以讓空間風格和其他的鄉村風有明顯的區別。

增添典雅氣息的復古壁燈

造型較古典，且線條比較繁複的壁燈，為空間帶來畫龍點睛的裝飾效果。

裝飾性十足的傢具

不論茶几、書桌或單椅，都選擇有趣線造型，裝飾性設計較多的款式，突顯歐式鄉村風的設計語彙。

經典款花卉圖騰沙發

鄉村風的軟裝佈置，通常都會與自然環境呼應，經典款的花卉圖騰沙發，搭配同色系的抱枕，在文化石牆襯托下，顯得更清新、自然。

case
05

台北市 ・50坪 ・4人 ・4房2廳2衛

不一樣的法式浪漫，
把普羅旺斯陽光帶回家

│ **Karen&Charles** │ 在科技業工作
的 Karen&Charles 原本住在新竹，
後來決定買下離娘家近的預售屋。因
為新婚蜜月時到歐洲南部旅遊，對於
西班牙、法國普羅旺斯的印象深刻，
希望用歐式鄉村風作為新居設計的主
軸。

屋主這樣說

讓家的設計如蜜月般甜蜜

度蜜月的時候我們去了南歐，非常喜歡地中海、西班牙、南法普羅旺斯的歐洲房子，雖然之前新竹的舊家也曾分次裝修，但沒有整體感。這次希望想要的風格能一次到位，讓我們住在家裡，隨時都像蜜月般甜蜜。

設計師這樣想

用歐式浪漫為感情增溫

蜜月旅行，是 Karen&Charles 難忘的記憶，地中海岸的蔚藍天空及暖陽，經常縈繞心頭。因此我們就用代表南法普羅旺斯陽光的鵝黃及地中海的蔚藍色，作為空間主色，並利用歐式木樑、拱門造型，呼應歐式浪漫風格，讓他們彷彿天天沉浸於新婚的甜蜜中。

Karen&Charles是十年前我們初創業時的舊客戶，這次買下位於台北市文山區的新房子後，再度找我們做設計。之前因為是分次裝修，讓沈太太覺得風格不到位。因此這回，從預售屋期間就開始進行設計規劃。

因為Karen&Charles對於蜜月旅行時在歐洲南部地中海、西班牙和南法普羅旺斯的記憶深刻，希望能夠把新家打造成南歐風格，重溫蜜月時的甜蜜回憶。而我們也決定透過南法獨特而明亮的用色和設計語彙，將他們過往的甜蜜回憶找回來。

把南法的自然氛圍搬回家

歐洲地中海沿岸的住宅風格，與北歐截然不同，藍天、暖陽、熱情澎湃的鮮豔用色，讓人天天都有度假般的好心情。為了把這種氛圍帶進家裡，我們選擇了明亮的鵝黃色與讓人聯想到碧海藍天的蔚藍色作為公共空間的主要色彩基調。

再經由書房格窗及廚房、餐廳拱門造型等帶有歐式鄉村風特色的設計語彙突顯風格。而鄉村風不可少的壁爐電視牆，當然也要放進客廳裡，利用文化石及帶有手感效果的牆面設計，重現南歐鄉村風住宅的特色。

與大自然呼應的軟裝佈置，則是打造南歐鄉村風不可缺的元素。仿舊、斑駁的綠色鐵樹，在鵝黃色牆面特別搶眼，形成入門後吸睛的端景。餐廳裝飾性的木樑，讓人如同置身歐洲木屋，而廚房外除了隔絕油煙的電動格門外，增設一道亮眼的藍色大門，黃、藍對比的鮮豔色彩，簡直重現南法普羅旺斯的自然氛圍。

1 **用馬賽克拼貼，打造專屬家徽。**每一個設計案，我們都會替屋主打造一個專屬的家徽。除了玄關地坪的復古磚突顯南法鄉村住宅的特色之外，利用馬賽克拼貼的花卉圖案，讓人一入門，就有回到家的歸屬感。

2 **手感電視牆，突顯歐式鄉村風特色。**用文化石營造如磚砌效果的壁爐電視牆，外側是工匠刻意用抹刀，手工作出凹凸質感的粗獷灰泥效果，襯以兩側間接照明讓空間更有層次，突顯歐式鄉村風的設計特色。

3 **機能、造型兼備的拱門設計。**餐廳通往廚房的門，與書房、玄關的門均採歐式古堡的拱形設計，鮮明的藍色，與餐廳的鵝黃色壁面形成衝突撞色，強而有力的對比，空間更豐富。而廚房內還隱藏了一道電動玻璃格門，藉此隔絕油煙，滿足實用機能。

不容忽視的美形收納

　　由於Karen非常注重家中的整潔，可以說到了潔癖的程度，因此所有的收納設計，一定要做得非常完美，才能讓家裡的所有物品，都有容身之處。

　　因此在收納設計上，我們有許多細節討論，包括入門玄關，必須有專門收納鑰匙的隱藏收納，鞋櫃必須設計軌道式層板，方便拿取後方的鞋子。此外，還要規劃衣帽收納，甚至連雨傘怎麼放，都做了詳細的沙盤推演。為了讓喜歡出國旅行的Karen&Charles，旅行時更方便，還特別把行李箱的收納，放進玄關穿鞋椅的後方，看似優雅的收納櫃體，其實內部機關重重。

　　餐廳旁的餐櫃設計，是Karen非常在意的地方。不論杯、盤，甚至紅酒的收納隔層尺寸，都符合收納物件的尺度，做得盡善盡美。主臥、更衣間與小孩房也善用樑、柱深度的畸零空間把收納作足，達到隨手收納的目的，家裡隨時都能保持井然有序的樣子。

4 **清新的海洋風男孩房。**私領域的房間用色都與個人特質相呼應。男孩房採用清新藍作為主色，搭配海洋風的佈置，讓人感受如地中海蔚藍海岸邊的空間氛圍。

5 **讓空間穿透的玻璃格窗設計。**客廳和書房之間，刻意設計一扇玻璃格窗，不僅突顯鄉村風的設計語彙，同時保留穿透感，讓室內採光、通風都變好。若想獨處，不希望被干擾，還可以將窗簾放下來。

6 **花鳥壁紙營造自然氛圍。**主臥床頭主牆，利用線板勾勒鄉村風的設計語彙，內部襯以花鳥圖案壁紙，和鄉村風重視自然氛圍的特色呼應。壁面色彩則與壁紙底色如出一轍，讓空間呈現寧靜、自然的氛圍。

7 **粉色浪漫的女孩房。**女孩房則選擇女性化的粉紅色牆色，搭配相同色系的掛畫，下方則利用企口板設計腰牆，不僅帶出鄉村風的特色，且讓空間籠罩在柔和、溫馨的氣氛中。

圓拱的設計，是歐洲自古以來的傳統語彙
只要在家中做出拱門、拱窗，
歐洲的味道自然不言而喻。

法哥

古意盎然的歐式主燈

在鄉村風的實木長桌上方，選擇一盞
具繁複裝飾、古意盎然的長形主燈，
營造彷彿在古堡用餐的氣氛，讓歐
式鄉村風的設計特色，更明顯。

 佈置巧思　## 讓風格鮮明的歐式燈具與軟裝佈置

燈具、傢飾的選擇，影響風格甚鉅。歐式鄉村風的軟裝佈置，包括
燈具及其他裝飾品，往往比美式更為繁複，且具有古意。不論造型
繁複的古銅燈具，或仿舊處理的鐵件窗框裝飾，甚至呼應自然的仿
舊鐵件樹形壁飾，都可為空間設計加分。

與風格呼應的歐式傢具

在文化石、玻璃格窗等鄉村風語彙
的設計下，選擇具有歐式複雜曲線
造型的綠底花卉圖騰沙發，搭配曲
線造型椅腳有異曲同工之妙的邊几，
更能彰顯歐式鄉村風設計風格。

凝聚視覺焦點的樹形裝飾

從玄關入門處，一眼就看見客廳轉角
的仿舊綠色鐵件樹形裝飾，在鵝黃色
壁面襯托下，與自然呼應的樹形裝
飾，充分達到凝聚視覺焦點的效果，
讓人眼睛為之一亮。

1 行李箱也有專屬收納空間

為了讓經常旅行的沈先生夫妻倆出國時拿取行李更方便，特別在玄關穿鞋椅後方規劃行李箱的收納。

2 造型可愛的鑰匙收納盒

在玄關區刻意設置一個與拱門呼應的可愛鑰匙盒，一回到家，就可以把鑰匙收好。

3 機關重重的玄關收納

看似簡單的百葉門片式玄關收納櫃，其實機關重重，其中隱藏了軌道托盤式鞋櫃、雨傘及衣帽的收納區。

桃園縣 ‧1人 ‧15坪 ‧開放客臥 ‧1衛

用聖潔的白，
打造歐式鄉村風的心靈淨土

│ **Sunny** │一生因宗教無私奉獻的
Sunny，有感於為別人解決身、心、
靈問題的教會姊妹淘，也需要無憂的
避風港，於是決定將自己所擁有的住
宅貢獻出來，改造為讓姊妹們分享心
情的紓壓、療癒居所。

屋主這樣說

想打造教會姊妹心靈歸屬之地

我的一生都為傳教而奔波、奉獻,親眼見到許多姊妹們為別人處理問題,而忘卻自身的傷痛,深深覺得,姊妹淘們也需要心靈療癒的場域,藉由彼此一起分享、禱告,注入正向能量,才能繼續幫助更多人。

 設計師這樣想

無瑕的白色天使居所

Sunny 是我們見過態度始終謙遜有禮,表裡如一的人。雖然她一生都為神、為他人奉獻,卻從不要求回報,就像天使一樣。因此在空間設計上,我們以開闊無隔間的設計,象徵她的無私精神,再以聖潔的白色,傳遞她如天使般的個人特質,透過不同材質,表現豐富層次。

如同許多屋主一樣，Sunny是透過電視節目的介紹看到我們的作品，當她初次與我們接洽時告訴我們：「是神的指引，讓我找到你們。」經過日後頻繁的溝通、洽談，我們才得知她擁有顯赫的家世背景，也是虔誠的基督徒與傳教者，且經常深入泰北幫人戒毒，頗具知名度。

因為常出國傳教，Sunny想把自己在台灣的家，變成教會姊妹淘們共享的舒壓空間。由於她的為人帶給我們純淨無瑕的印象，因此，空間風格我們決定以白色為基調的歐式鄉村風設計為主。

用鄉村風語彙，打造無私的開闊空間

十五坪的住宅，其實可以擁有一房一廳的配置，但Sunny認為自己的睡眠時間很短，也經常往國外跑，因此這間房子的主要作用，是讓教會姊妹淘們有個可以一起禱告、分享心情的心靈淨土。

因此，我們除了在天花板運用鄉村風常見的木樑，作為隱性空間界定之外，包括餐廚、客廳、寢居空間，全採開放式設計，只保留衛浴隔間，再利用半圓形的沙發區隔寢居空間與客廳。

純白的用色，是一開始就定調的色彩規劃，透過烤漆、木地板、象牙白的沙發墊、白色窗紗等不同材質，展現豐富的層次。唯有衛浴空間採用繽紛的磁磚拼貼，呼應教堂彩繪玻璃的意象。

簡潔俐落的空間設計，搭配量身訂製，隱含事務機收納，具歐式鄉村風特色的電視櫃以及復古書櫃，更能突顯設計風格。

1 **把客廳變成祈禱室。**量身訂製深度較深的電視櫃，下方隱藏事務機收納，旁邊則是復古的歐式書桌，滿足實用收納需求的同時，也能突顯歐式鄉村風的設計風格。一旁搭配的搖椅，既可作為主人椅具，也是祈禱椅，讓客廳兼具書房、辦公區與祈禱室的複合機能。

2 **以教堂彩繪玻璃為靈感的磁磚拼貼。**全屋都以白色為基調，唯有衛浴空間運用繽紛的磁磚拼貼。此處的用色靈感，來自教堂色彩斑斕的彩繪玻璃，透過活潑的色彩鋪陳，替忙於為別人解決身、心、靈問題的Sunny和姊妹淘們，帶來心靈療癒的效果。

3 **用傢具作出空間界定。**十五坪大的空間，除了衛浴隔間外，完全採開放式設計，再利用半圓形的沙發，做出隱性空間界定，區隔出客廳與寢居區兩個不同使用空間，讓視野更開闊。

1

2

鄉村風不一定要用鮮艷的色彩.
單純的白色,也可以因不同材質而表現出豐富層次
汪哥

3

發揮創意，設計具宗教意涵的空間

由於Sunny是虔誠的基督徒，也是傳教者，因此從玄關入口處的地坪，我們就以磁磚拼貼出象徵聖經故事五餅二魚的圖騰；鞋櫃則利用透光的十字架，營造如光之教堂的宗教意象，同時也是非常實用的無取手設計；一旁的端景牆，則放置代表基督教精神的信、望、愛裝飾，呼應Sunny的宗教信仰。

開放的公共空間，除了具備客廳的機能，同時也是書房與祈禱室。因此我們利用量身訂製的電視櫃、書櫃與隱藏書桌的結合，讓客廳擁有書房的機能。再搭配一張可作為主人椅的搖椅，取代傳統的祈禱椅，讓這一區也成為教友們的祈禱室。

此外，在衛浴入口處的牆面，由工匠手工雕鑿的魚形以及象徵基督教「耶穌、基督、耶和華，神的兒子就是主」的圖騰，連更衣間門片上，也利用Sunny收藏的基督教小卡片做裝飾，讓空間處處都能感受宗教意涵。

4

4 **帶出宗教信仰的實用設計。** 玄關入門處的地坪以聖經故事五餅二魚的圖騰拼貼，鞋櫃的設計則以透光的十字架造型，取代把手的設計，傳遞如光之教堂的意象；端景牆的層架上則放置象徵基督教「信、望、愛」精神的裝飾，與Sunny的宗教信仰相呼應。

5 **用宗教圖騰裝飾空間。** 衛浴入口處的壁面，經由手工繪圖，再由工匠雕鑿出象徵基督教「耶穌、基督、耶和華、上帝之子就是主」的相關圖騰；更衣間的門片，則嵌入Sunny收藏的基督教卡片作為裝飾。

5

色彩造型相互呼應的軟裝佈置

為搭配客廳的象牙白半圓形沙發，刻意搭配米色、駝色等相近色系抱枕，連茶几造型也選圓形，主燈則選擇帶歐式鄉村風特色的白色燭台燈。

佈置巧思

用軟裝佈置，為純淨潔白的空間增色

在一片素淨的白色空間中，軟裝佈置的用色也不能太過鮮豔，利用與白色呈協調色系的米色、駝色抱枕，搭配米白色燭台燈，替空間增添些許色彩。此外，因應客廳天花板設計，量身訂製半圓形沙發，再選擇圓形茶几，讓傢具造型與空間呼應。

用基督畫像取代掛畫

客廳電視牆上方以耶穌基督的掛畫取代一般裝飾性畫作，電視牆檯面上，則搭配燭台、乾燥花等裝飾，與 Sunny 的宗教信仰呼應。

台北市 ·5人 ·18坪 ·1房2廳1衛

用歐式鄉村風，
實現埋藏心中的浪漫住宅夢

| **謝先生 & 謝太太** | 一直對於歐式鄉村風的浪漫住宅風格懷抱著夢想的謝太太，與先生買下這間位於木柵的小坪數住宅後，非常期待可以透過專業設計，實現長久以來的願望，讓一家人住在如夢境中的住宅中。

就是想要歐式浪漫

從小在傳統的房子裡長大,很嚮往歐洲住宅有壁爐、線板,還貼上花卉壁紙的浪漫設計,當自己買下這間坪數不大的房子後,無論如何,都希望和先生、孩子一起住在夢寐以求的歐式空間裡。

 設計師這樣想

把歐式語彙通通放進家裡

因為對於歐式鄉村風住宅非常嚮往,即使房子坪數不大,天花板高度也不是很足夠,但利用合宜的比例,還是能夠把歐式壁爐、線板、格子門等浪漫的鄉村風語彙,一次通通放進家裡。

在我們的眾多屋主之中，謝太太和謝先生並不是唯一一個從小就嚮往歐式鄉村風住宅的屋主。多半等到他們有足夠經濟能力，買下自己的房子，這從小播下的夢想種子，才真正開始萌芽，最後透過我們的設計，長成大樹。

雖然想要壁爐、花卉圖騰壁紙以及線板、格子門等歐式設計語彙，但如何調整空間尺度，讓比例穠纖合度，是這個屋高不足的舊屋改造最關鍵的訣竅。

融合風格語彙，改變生活質感

因為屋高不夠，對於歐式壁爐的設計來說，是一大難題，所幸我們以等比例縮小壁爐電視牆，解決了這個問題，再運用有層次的天花設計，佐以間接照明，讓空間在視覺有向上延伸的效果，減輕壓迫感。

由於屋主家中3個孩子年齡還小，原本一家五口習慣坐在客廳邊看電視邊用餐，但隨著孩子年齡漸長，將來勢必需要一個餐廳，因此我們預先設想了未來生活型態，在廚房旁邊，增設餐廳區，並利用歐式風格常用的格子門引進光線，讓一家人能在歐式氛圍的餐廳裡共享天倫。

至於謝太太喜歡的鄉村風花卉壁紙，我們也毫不吝惜大量用在客廳壁面。略帶綠色系的壁紙，與鄉村風的白色線板所勾勒的空間，讓整體風格更為鮮明，也讓謝太太終於圓了小時候的夢想。

1 **等比例縮小，讓歐式壁爐穠纖合度。**屋高不足是老屋經常遇到的問題。透過等比例縮小的設計訣竅，就能夠讓原本高聳的壁爐電視牆的尺寸剛好，再搭配有層次的天花板與間接照明，就能減輕空間壓迫感。

2 **花卉壁紙突顯鄉村風。**謝太太非常喜歡鄉村風的花卉壁紙，在空間不大的客廳，全面貼上壁紙卻不顯得花俏，關鍵的元素在於沙發背牆的白色框架，及玄關端景的展示櫃體，適度稀釋花卉壁紙在空間中使用的比例。

讓家變美的收納展示設計

　　房子愈小，收納機能就要做得愈足，才能突顯整體設計美感。尤其一家五口居住，日常用品絕對不會少。尤其這間房子的主要空間只有客廳、餐廳和一間主臥。臥房的衣櫃設計是必然的。廚房也有基本的上、下櫃廚具可以滿足鍋碗瓢盆的收納。而客廳的收納，則會影響所有來訪客人對整個家的視覺印象。

　　因此，我們利用壁爐電視牆的兩側，規劃對稱的門片與開放式層架的展示收納櫃，將不想曝光的紊亂日常用品通通藏在門片中，透過歐式線板的設計突顯風格；而書籍等適合的擺飾，放在開放式層架，成為空間中的最吸睛的焦點。電視櫃的下方以同樣的線板設計抽屜式收納，讓遙控器等零碎的小物，可以藏在裡面。

3 **對稱式的美型收納。**空間設計得再美，若因為家中物品無處可放而變得凌亂，也是枉然。因此我們利用歐式古典對稱的語彙，在客廳電視牆旁邊，規劃充足的收納、展示櫃，讓家中的亂源隱藏於無形。

歐式鄉村風除了壁爐、綠板花卉壁紙 也是關鍵元素
但必須小心拿捏比例.以免造成 喧賓奪主的反效果.

汪哥.

4 打造唯美浪漫用餐場景。原本一家人都
在客廳用餐，為了改變生活型態，提升
生活品質，特別在開放式廚房旁增設一
個餐廳區，透過引進採光的格門與紗簾
的鋪陳，讓一家五口得以在浪漫場景中
好好用餐。

Plus 1　這樣配色最對味

色調的掌握是鄉村風佈置的重頭戲，鄉村風空間多以自然的木石為主調，加入粉嫩色調可營造英、美式的清新與甜美；搭配棉、麻、籐及灰白色調的傢具則有法國鄉村感；而飽和的自然色調，則可提升空間的溫度與朝氣感。

1

黃色
yellow

黃綠紅共譜南法情調。鮮明黃牆為主題，搭配橄欖綠和磚紅傢飾布，營造南法生活風情。

讓空間明亮有朝氣

暖色調是鄉村風空間裡常見的主色，尤其是明亮的黃色系，如赭石黃、金黃色等，可讓原本昏暗的空間，變得更有朝氣，適合用在客廳、玄關、走道、陽台等公共區域，透過自然光影的折射效果，讓室內變得更明亮。

黃＋磚紅

陶磚與紅磚牆是鄉村風常見設計語彙，因此黃色系與磚紅十分相襯，喜歡素雅者可選擇淺黃，金黃具義式的宏偉感，赭石黃可創造普羅旺斯之美。

黃＋綠

象徵豐收的黃與生氣盎然的綠，也是鄉村田野中常見的大自然配色，運用在居家中，能帶來自然、質樸的的氣息。

黃牆跳色為空間打光。以黃牆跳色搭配白色和木橫樑，回家就感受明亮氣息。

營造清新美式氛圍

美式鄉村風在白色為基調的用色前題下，清爽的藍色是不錯的壁面色彩，尤其美式的藍，通常略帶灰色調，除了壁面漆的用色外，包括壁紙、軟裝佈置，也可搭配深淺不同的藍色，讓整體空間色彩更協調。

藍＋灰

皇家藍與淺灰色的配色組合，能讓空間散發英式典雅的氣氛，一濃一淡、兩者皆濃重，或是兩者皆淡，會創造出截然不同的效果。

藍＋桃紅

以藍為空間主色，點綴帶粉色的桃紅，拿捏得宜是成熟而優雅配色組合，會讓空間帶點摩洛哥的異國情調。

多層次的藍詮釋空間深度。加入灰、粉色調的藍，運用在同一個空間創造出豐富層次。

藍與粉色的輕盈對話。拼貼復古藍白磚搭配粉色壁磚和石材，讓衛浴空間表情更豐富。

綠牆襯托白色窗框。白色室內窗搭配窗檯的設計，在綠牆的襯托下更顯自然療癒。

讓家欣欣向榮的大地色

綠色
green　3

綠色是自然界植物的顏色，同時也是春回大地的象徵，因此給人舒適、安全的感受。黃綠色予人清新活力、愉悅明快的感受；明度較低的草綠、墨綠、橄欖綠，則給人沉穩、知性的印象。

綠＋橙

歐洲地區因緯度高造成日照時間短，因此，特別喜歡大量運用溫暖系的色彩，透過飽和、對比配色營造溫馨的居家氣氛。自然界的橙與綠則有豐收、滿足的感受，為傳統鄉村風常見配色。

綠＋白

白腰牆與主色的搭配方式可讓視覺重心轉換，並達到放寬空間的效果，是鄉村風常見手法。其中綠與白則是不敗配色之一，因具有紓壓、療癒的效果，深受現代人喜愛。

暖色包圍的幸福生活。象徵托斯卡尼艷陽天的橘色，配上黃白格子沙發布，空間立刻變得溫馨。

橘綠對比讓空間對話。降低了橘和綠的明度，讓空間氣氛變柔和，也產生變化和對話。

4

橘　色
orange

為家增添溫暖幸福味

最能讓家感覺溫暖的壁面色彩，就是橘色系。很多餐廳也喜歡用橘色作為主色，原因是溫暖的橘色，可以促進食慾。

橘＋黃

這兩種顏色搭配在一起，有如義大利托斯卡尼艷陽天的場景，不論是自然採光或是人工照明，都能讓居家產生不可思議的溫暖感受。

橘＋綠

這組配色若帶點日曬後的褪色感，會讓空間散發成熟復古的調性，有如在秋日暖陽的照耀下淡淡幸福氛。

5 粉紅色 *pink*

小女孩的粉紅色房間。甜美的粉紅壁面搭配白色門窗，窗簾、燈飾也選擇粉紅色系相互呼應。

怦然心動的甜美女孩風

總是給人甜美、女孩、公主風的的粉紅色，透過不同色階、明度、彩度的調整，也能成熟高雅或個性十足。而粉紅色與鄉村風常用的白色門、窗非常相襯，適度在窗簾、畫作或燈飾的花紋帶入粉紅配色，更能相互呼應。

粉紅＋土耳其藍

在少女甜美的粉紅色點綴沉穩明亮的土耳其藍，會讓粉紅色更上一層樓，在甜美的基調中展現一些個性主張。

粉紅＋白

草莓奶油蛋糕的甜蜜配色，是小朋友或心中有個公主夢的女孩嚮往的居家色調，但粉紅若要大面積使用不宜過於濃烈，以免流於俗豔。

搭配粉嫩花朵壁紙展現柔美。粉色牆面搭配相同色系的花朵圖案，而床架也挑選粉紅色，整體空間更為柔美。

薰衣草與白營造每晚舒眠。浪漫的薰衣草色，搭配白色百葉窗和傢具，踏進臥房就有舒眠氣氛。

6 紫色 *purple*

紫色系，局部運用營造浪漫寢居氛圍

紫色在鄉村風的臥房空間中經常出現，象徵智慧的紫，屬於比較中性的色彩，男女都適用。色彩飽和的深紫，與人爽朗大方的感受，帶點灰色調的芋頭紫則散發溫柔婉約的氣息。不論哪一種紫，都為寢居空間帶來羅曼蒂克的氣氛。間帶來羅曼蒂克的氣氛。

紫＋藍

這兩種顏色是相近色，都選用較深的顏色，會給人強烈濃重、神秘的印象，但若都是帶粉色或是較淺的，則會散發較甜美的氣息。

紫＋淡粉色

想營造恬淡、柔和的氣氛，這個配色很難出錯，像是紫色配粉白、粉藍色、淺灰色等都十分相襯。

浪漫從牆色延續到壁紙。較亮的牆色搭配不同層次的布飾，壁紙也延續浪漫的紫色系花紋。

Chapter 2

美式鄉村風

美式鄉村風在鄉村風設計中，佔據重要的比重，除了簡約線板與空間設計有別於歐式的繁複之外，台灣有許多專賣美式傢具、傢飾的店舖，因此在風格營造上，更容易到位。

Part 1　**一定要有的元素** elementary

Part 2　**住進溫暖的家** case study

線板 │ 優雅而簡約的空間裝飾

修飾天花、地、壁、門框銜接處的線板，
在美式設計中會以簡潔的形式呈現，普遍
用在牆面、櫃體作為空間裝飾。

壁爐 │ 讓家更溫暖的裝飾性設計

高緯度國家取暖用的壁爐，常出現在鄉村
風設計中，美式風格的壁爐，線條較歐式
壁爐造型更為簡約俐落。

Part 1
一定要有的元素

美式鄉村風關鍵設計元素包括壁爐、線板及百葉窗等設計語彙與建材，在傢具搭配上，線條比歐式傢具簡約，許多經典款美式傢具，例如溫莎椅及線條簡約的單椅、吧檯椅，座墊材質通常為繃布或繃皮。

百葉窗 | 創造豐富光影變化的建材

美式與歐式鄉村風門窗形式大同小異，但美式風格中常運用可調節光線進入方向的百葉窗，創造豐富的光影。

傢具 | 演繹風格的最佳主角

美式的鄉村風傢具，尺寸比歐式傢具大，線條相對簡單，不會出現歐式傢具繁複的巴洛克復古裝飾。

01 壁爐

讓家更溫暖的裝飾性設計

美式鄉村風出現壁爐，是因應高緯度的取暖設備，字歐洲移民而至美洲的住民，仍然會延續歐洲的設計，但是逐漸將壁爐型式變得較實用而簡約，減少繁複的裝飾性雕琢。

壁爐通常會設計在客廳的主牆位置，到了亞熱帶的台灣，這種實用的取暖設備，就變成裝飾性的設計語彙，成為客廳端景，且往往可以與鏡子、書牆、展示櫃結合。

至於材質的運用，則會以文化石、大理石，或用木作取代石材，市面上也有現成的一體成形塑料造型壁爐，但質感不佳，變化性不足，無法符合所有空間尺度，使用頻率不高。

木作壁爐

利用木作塑造壁爐的造型是美式鄉村風常用的手法，線條較歐式簡單俐落，由於可依空間比例量身訂製，有豐富的變化性。搭配畫框、壁紙就能創造吸睛的空間端景。

文化石結合線板的壁爐

運用柱頭型式的造型線板加上文化石鋪陳的壁爐，在美式壁爐中很常見，與書牆、鏡子結合，讓壁爐不一定只限定於客廳使用。

02 線板

優雅而簡約的空間裝飾

線板經常使用於美式與歐式鄉村風的空間設計中，相較於歐式裝飾繁複的設計，美式的線板簡潔許多。即使如此，還是可以透過不同的長度、寬度與高度的安排，甚至重複序列的表現，展現截然不同的風貌。

原本線板的作用，是為了修飾天花板、地板與門框、窗框銜接的交界處，後來更延伸利用成為壁面、櫃體的裝飾。也有人會利用及腰的橫向線板，區隔上、下不同的壁面色彩或者在線板上方改以壁紙裝飾，創造另一種空間況味。

線板的顏色，多半為白色、米白色系為主，材質則有木質、PVC等不同的選擇，當然價位與質感也有明顯差異。

美式線板

線條簡約的線板，以長方形的比例、重複序列的表現，形成壁面裝飾，讓空間更添韻味。

03 百葉門窗

創造豐富光影變化的建材

百葉門、窗的作用，主要在於調節光線、遮蔽風雪，在美式鄉村風中運用得非常頻繁，在室內空間中使用百葉窗取代一般的窗簾，不僅可以遮蔽單調且沒有美感的鋁門窗，調節光線進入的角度，更能凸顯美式設計風格。

百葉門、窗的形式變化多端，對開式、拉折門、甚至有中間軸線可讓葉片朝上、下移動，使得光線可依使用者的喜好來調節，創造出豐富的光影變化。

至於百葉門窗的材質，包括實木、鋁、塑鋁等不同材質，價位與效果也有極大差異。最適合鄉村風的質感是實木百葉，若要用於較潮濕的浴室，選擇鳳凰木的耐候性會比較好。

百葉門、窗

不論門、窗都採用百葉型式，可調節光線進入角度的設計，不僅達到遮蔽陽光的功能，同時也可以在室內創造豐富的光影效果。

04 傢具

演繹風格的最佳主角

不論歐洲或美國的室內設計，通常較強調軟裝佈置，於是傢具就成為表現空間風格的關鍵。即使在現代風的空間中，放入美式造型傢具，也能讓人感受美式生活氛圍。

在傢具選擇中，特別側重沙發、椅子。作為主人椅的單椅，是美式風格不可缺的重點傢具，椅背較高，且扶手向上延伸突出的造型，其實是因為這種椅子常放置於壁爐旁，透過這樣的造型設計，可避免爐火、灰燼與熱氣影響使用的舒適度。

長沙發也是美式客廳不可缺的傢具，許多三人座沙發都採低背設計，不僅適用於鄉村風空間，在現代風格空間中使用，也有混搭的趣味。

至於吧檯椅與餐椅的造型則非常豐富多變，與歐式椅子最大的差距，就是椅腳設計較簡潔，以筆直的線條為主，沒有曲線或獸爪造型。

布製主人椅

因為經常放置在壁爐旁邊，因此椅背設計較高，且兩側有突出曲線造型的設計，避免壁爐的爐火、灰燼影響坐的人舒適度。

餐椅、吧檯椅

線性格柵的椅背，搭配筆直的椅腳，組合兩種同款式，但不同高度的餐椅，一則作為餐椅，另一可當作吧檯椅使用。

低背三人沙發

美式沙發的深度通常較深，三人座低背沙發，以厚實的造型，搭配外翻扶手、球狀椅腳，襯以數個柔軟的抱枕，讓舒適度倍增。

case
08

台北市 ·35坪 ·4人 ·3房2廳2衛

送給妻子的禮物，
用美式鄉村風打造夢想家

│ **許大哥 &Grace** │ 新婚時就找摩登
雅舍設計的許大哥和 Grace，經過
多年生活歷練，經濟基礎穩固，加上
兩個小孩逐漸成長，於是買下坪數較
大的中古屋，再度找摩登雅舍規劃，
讓新家以美式鄉村風經典語彙，加上
飯店式現代設備，展現獨一無二的個
人風格住宅。

攝影 _Frankie

屋主這樣說

好想複製大人味的飯店生活

剛開始，太太想要採用傳統鄉村風的設計，但是經常出國旅行，讓我很想把飯店式的舒適生活，複製到家裡，希望汪哥和 Vivian 可以為我們達成這兩個目的。此外，因為舊家沙發太小，無法讓全家聚在客廳裏，所以我們選了一套白色皮沙發放在客廳，原因是皮革較好清潔、整理。家裡其他的建材，我們也希望選用方便清潔、維護的材質，而舊家收納空間不夠，很難收拾整齊的問題，一直困擾著我們，也希望透過這次裝修設計，徹底改善。

 設計師這樣想

世界之窗，用相片勾起旅途回憶

由於一開始屋主先選了一套皮沙發，但鄉村風和皮革其實不太合拍，所以我們把整體空間設定為比較現代摩登的「美式鄉村風」。每次洽談時，許大哥都會與我們分享走訪世界各地旅行拍的照片，讓我靈機一動，想用「世界之窗」的概念，在沒有對外窗的餐廳，設計一扇百葉假窗，中間貼附許大哥到國外旅行拍的風景照，讓他們彷彿重回旅遊地，勾起甜蜜的回憶。

愛太太的許大哥說：「這次裝修，希望完全依太太喜歡的風格設計，算是送給辛苦多年的妻子的禮物。」而這次的空間改造，則是繼多年前仍在草創期時，替許大哥和太太Grace裝潢新婚住宅後的第二次合作。當時在設計上只求美觀，不重收納的缺點，經過多年設計歷練，吸取更多經驗，在設計上變得更完美。

一套皮沙發，決定了空間風格

隨著孩子逐漸成長，再加上許大哥和Grace想把國外旅遊時住飯店的記憶，複製到家中，期望這次新家裝修能成熟而帶點大人味。而決定風格的其中一個關鍵，其實是因為夫妻倆已先看中一套皮沙發，但皮沙發與傳統鄉村風的設計有點不搭調，為了配合傢具，我們決定讓空間風格定調為現代摩登的美式鄉村風。

風格定調後，實用的格局動線安排與生活機能等務實面的細節也不能不仔細考慮。對居家環境整潔非常在意的許大哥和Grace，家裡還養了一隻可愛的狗狗，為了日後清潔維護方便，客、餐廳與走道等公共區捨棄鄉村風常用的復古磚與木地板，改以米色系仿大理石磁磚取代，更能突顯現代摩登的感覺。

至於之前在舊家收納不足的遺憾，這次我們在各空間都做出充足的收納。不僅玄關入門處利用落地櫃體做出大容量收納，為彌補客廳缺乏收納的問題，刻意將小孩房隔間牆略為退縮，爭取廊道空間，規劃一整排展示收納櫃。不論臥房、書房也都善用樑下空間，做足收納，讓家中井然有序。

衛浴設計也是這次改造的重點之一，擁有大型泡澡浴缸一直是許大哥和Grace夫妻倆的夢想，透過飯店式衛浴配備及美式風格的浴櫃設計，終於讓他們一償宿願。

1

1 讓風格更到位的壁爐電視牆。 區隔客廳和餐廳的壁爐造型電視牆是讓鄉村風更到位不可或缺的語彙。刻意不做到頂的設計，讓光線得以進入沒有開窗的餐廳區。整體設計巧妙衡量著電視、音箱尺寸，同時保留足夠寬度作為玄關、餐廳的走道。

夢寐以求的書房，成為全家人最愛的所在

　　為彌補舊家設計缺乏獨立書房的遺憾，這次裝修，許大哥堅持一定要有一間書房。打開走道盡頭對開的美式格子門，裡面就是一家人夢寐以求的書房。運用美式線板語彙打造的書桌、書櫃及臥榻休憩區一氣呵成。許大哥説：「當陽光從百葉窗灑進室內，感覺特別溫馨，我們經常一家子擠進書房閱讀、看電視、連家庭會議也在這裡召開。」

　　美式鄉村風最鮮明的設計語彙就是客廳的壁爐電視牆，我們刻意讓電視牆不做到頂，主要的用意就是替未開窗的餐廳引進充足的光線。

　　鄉村風不可或缺的百葉窗，在許家也充分運用在各個房間，尤其餐桌旁神來一筆加裝的假窗，完全改變原本狹隘的空間。這扇窗的設計靈感，來自許大哥和Grace出國旅行的視覺經驗，中間貼附他在希臘米克諾斯拍的風景照。許大哥説：「因為我們選了一張吧台檯高度的餐桌，所以當汪哥設計這扇『世界之窗』後，坐在這裡，就像在國外的餐廳用餐，窗裡的風景，還可以隨時替換，讓我們回想之前旅遊時的點點滴滴。」

　　裝修完成後，我們有時會受邀到許大哥家作客，聽著他和Grace敍述一家四口使用空間的心得，自己彷彿也感受到他們對家的熱愛，這時深深覺得，做室內設計，的確是個造夢的工作。

2　**以退為進的格局變動。**為了彌補客廳收納不足的缺陷，將小孩房隔間牆略為退縮，爭取廊道空間，規劃一整排收納、展示櫃，讓走道不僅只是生活動線的一部分，而兼具收納機能和視覺美感。

3　**運用線板、溝縫展現美式對稱收納。**運用鄉村風獨有的線板、溝縫設計，在主臥房樑下空間規畫對稱式收納櫃，包括床頭板也是上掀的棉被櫃，善用空間的巧思，不僅避免床頭壓樑的風水問題，更讓收納機能倍增。

4　**利用櫃體區隔孩子們的私領域。**男孩房的壁面採用孩子們最愛的水藍色鋪陳，為了讓日漸成長的兩個大男孩擁有專屬於自己的私領域，即使兩人共用寢室，也可透過收納櫃體區隔彼此的寢居空間。

3

除了用綠板·壁爐·美式風格還有一亇關鍵
的元素·那就是百葉窗·當全屋的窗都換成
百葉窗之後·活脱脱就像生活在美國一樣。

—— 汪哥

4

5

6

5 **改變空間感的百葉窗與格門。**具穿透感的玻璃格子拉門，是美式鄉村風的經典設計，既突顯風格，也兼具隔絕廚房油煙的效果。沒有對外窗的餐廳區，增設一扇百葉窗，中間貼上許先生去希臘旅遊時拍的風景照，頓時讓空間有延伸的效果。

6 **美式櫃體、現代設備，打造飯店式衛浴。**以美式飯店為藍圖，結合經典美式浴櫃、收納充足的開放式層板，加上現代化的衛浴配備，打造舒適便利的飯店式生活。

貼心設計的狗窩

攝影 _Frankie

許大哥：我們當初都沒想到要替狗狗準備
　　　　一個窩，還是你們想的周到。

Vivian：對啊，因為我有養狗，狗狗也是家人，
　　　　也要照顧牠的需求啊！

簡約吊燈和畫框，展現摩登感

客廳壁面造型、大小不一的黑色畫框飾，搭配造型現代的黑色吊燈，黑白對比的效果，隱約透露鄉村風特色，同時帶有摩登時尚的現代感。

佈置巧思

選擇線條簡單的傢飾，符合現代感

為了配合皮革沙發呈現的美式摩登風，包括燈具、掛畫的線條都選擇比較簡潔俐落的款式，而且在顏色上以黑白兩色為主軸，讓空間視覺呈現黑白對比的簡約。為避免色彩過於冷硬，再利用絨毛抱枕的材質軟化，溫暖整個空間。

溫暖人造毛皮，呈現家的溫馨

為滿足家人齊聚一堂的奶油白大型皮沙發，佐以人造毛皮材質抱枕裝飾，突顯家的溫暖；黑白對比的布製單椅，則呼應現代摩登的空間用色。

問題點 1：主浴空間太小，無法呈現飯店式的舒適設計。

問題點 2：玄關、客、餐廳與廚房毫無區隔，空間沒有層次。

問題點 3：樑柱下方有許多畸零空間難以利用。

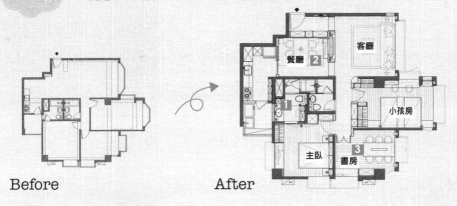

Before

After

1 退縮臥房空間，成就飯店式衛浴

為改造因為空間太小，無法乾濕分離的主浴，把臥房局部空間退縮，讓深度足以規劃飯店式衛浴。

3 善用畸零空間，讓書房更舒適

利用結構樑柱的深度，規劃收納櫃，並且沿著窗邊設置臥榻式休憩區，讓書房變得實用又舒適。

2 讓空間更有層次的隔間設計

原玄關、客、餐、廚是開放格局，利用穿透的電視牆，區隔客、餐廳與廚房，既不影響採光，又讓空間有層次。

case
09

台北市 ·22坪 ·4人 ·3房2廳1衛

實現畢生夢想，
老屋化身電影般的美式鄉村宅

｜新富 & 文利｜夫妻倆同在保險業
工作的新富和文利，非常喜歡鄉村風
的空間，但新婚成家時，預算不足，
只能做簡單的裝潢。隨著兩個孩子陸
續出生，逐漸成長，為讓孩子有更好
的成長環境，決定趁著老屋翻新的機
會，一圓鄉村風的夢想。

攝影 _Amily

兩房又無光，好暗好小好難住

我們夫妻倆都喜歡鄉村風的設計，但新婚時預算不足，無法滿足我們對風格的喜好。且這間典型的長屋，只有前後採光，白天不開燈時幾乎全黑，原本三米高的房子，也因不當裝潢只剩兩米多，加上兩房格局不符一家四口需求，希望透過改造機會，徹底改頭換面。

 設計師這樣想

置入風格，格局重設

美式風格的格子門、木樑，圓拱造型和壁爐，是改變空間風格的關鍵。因此除了把格局全拆，重新安排符合一家四口實際使用的房間配置與生活動線之外，巧妙把這些元素融入空間裡，達到引光、減輕壓迫感的實用效果，讓風格和格局都重新設定。

　　新婚成家時，新富和文利買下了位於台北市大同區的中古屋，僅做了簡單的裝修，且更新水電管線，但當時毫無裝修經驗，且經濟能力也不足，無法在格局上做太大變動，甚至因為傳統的裝修工法，讓原本有三米高的天花板，為了遮蔽結構樑而全面封板，只剩兩米多。因此長型屋只有前後採光的缺點，並未改善。

　　新富認為：「家裡只有一間大臥房與一間小和室，隨著兩個孩子逐漸長大，一家人雖然感情親密，但還是需要有獨立空間，不能再緊挨著睡在大通鋪。」於是他們開始上網尋覓設計師，且在電視上看我們的作品，非常喜歡我們的設計，與我們初步洽談後，還特地到我們施工現場確認質感。

　　對鄉村風懷抱夢想的夫妻倆，為了能與我們共同創造出符合自己夢想的住宅風格，經常上網尋找鄉村風相關的圖片資料，新富尤其推薦包羅萬象的Pintrest網站，我們也常透過通訊軟體溝通、討論，最後讓空間定調為融合部分西班牙元素的美式鄉村風。

格局翻轉，生活截然不同

　　風格定調之後，老房子最重要的改造還是在於格局，為了讓兩個小孩擁有獨立的臥房，因此格局做了大幅更動，原本的主臥縮小，保留在前段採光良好的位置，客廳則挪到鄰近玄關處，與主臥銜接，再利用美式格子拉門區隔，兼具引光入室的效果。不做到頂的壁爐電視牆，搭配黑白菱格拼花地坪，不僅突顯風格，更界定了玄關空間。

　　原本中段的客廳改為兩間小孩房，靠近廊道的一側，採用美式的玻璃格窗，為沒有對外窗的房間，引進光線。銜接客廳與餐廳區的寬敞廊道空間，則利用量身訂製的吊櫃與書桌，變成開放式書房，這一區後來成為新富與文利夫妻倆最常與小孩互動的空間。

　　經過格局翻轉與風格置入之後，一家人的生活品質與裝修前簡直有天壤之別。

1 改變臥房、客廳位置，用格門引光入室。
將原本的大通鋪主臥與和室拆除之後縮小，
仍設置於房屋前段，客廳則移到鄰近入門
處，與主臥緊鄰。再利用美式的玻璃格門
引進採光，讓室內變得明亮。當臥房窗簾
拉起，還能兼顧隱私。

攝影_Amily

隨手收納的規劃，讓家中更整齊

初次到新富和文利家洽談，丈量時，我們發現家中雖然整理得很整齊、乾淨，但許多物品因為沒有收納設計的關係，幾乎都得堆在地上。

因此我們在設計時，特別依照就近收納的原則，在玄關、書房、臥房、廚房等各個空間都規劃門片式收納，讓家中變得更整齊。

尤其是坪數不大的廚房，我們刻意將冰箱移出，用木作框架美化，上方也增設收納櫃。廚房內除了櫥櫃之外，還增設落地電器櫃，與存放乾糧的食物櫃，並運用各式便利的五金收納，讓經常下廚的文利，可以把各式各樣的鍋碗瓢盆與電器巧妙隱藏起來。

2 **還原屋高，用木樑修飾結構。** 屋高原本應有三米，但卻因為封閉的天花板變成兩米多，重新裝修時把天花板全部拆除，還原屋高，再透過美式語彙的木樑搭配間接照明，修飾結構樑，同時讓空間有向上延伸的效果，減輕壓迫感。

3 **不做到頂的電視牆，區隔玄關。** 壁爐造型電視牆，是美式風格必備的元素之一，客廳的電視牆以木作搭配文化石，模擬壁爐的造型，因此區隔出玄關的空間，刻意不做到頂的設計，就能將臥房的窗光引進玄關。

4 **格局重整，增設小孩房。** 將原本的大主臥與小和室隔間拆除，規劃為兩間小孩房，不僅配備書桌、衣櫃，並且將沒有對外窗的房間，近廊道的一側，設計為可向外開啟的美式玻璃格窗，引進光線。

攝影 _Amily

攝影_Amily

除了用緣板、電視牆、格窗.
沉穩、自然.的大地色系.是最佳.
背景色更能烘托鄉村風的空間。

　　　　　　　　　～汪哥

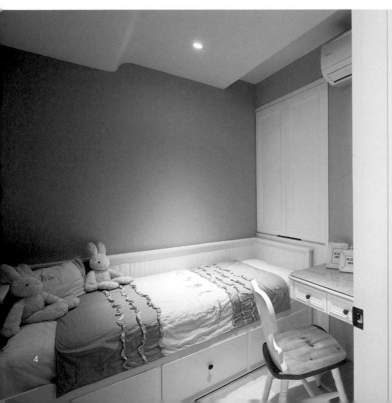

5

6

7

5 **就近收納，讓家井然有序。**家中每個空間都依就近收納的原則規畫門片式收納櫃，空間較小的廚房，刻意將冰箱挪出，以木作框架美化，上面還增設收納櫃，除了一般廚具櫃，還增設電器櫃與收納乾糧的食物櫃，讓注重整潔的夫妻倆，隨時能維持井然有序的樣子。

6 **引光入室的隔間設計。**把原本的客廳改為兩間小孩房，再透過玻璃格窗引光入室；廚房封閉的隔間拆除之後，運用開放式的拱門與造型對稱的玻璃窗框，讓光線引進室內。

7 **多元機能的雙面櫃，增加玄關收納。**一家四口需要大量的鞋櫃收納，因此除了入門處以美式的百葉門片設計的落地高櫃之外，電視櫃後方，也規劃為鞋櫃，雙面利用的設計，讓玄關收納容量倍增。

屋主最愛
美式廚具

文利：想不到小小的廚房，還能藏得下這麼多收納！
　　　重點是，我終於可以用我最愛的美式鄉村風廚具了!

Vivian：相信我準沒錯，鄉村風不只好看而已，
　　　　也可以很好用！

佈置巧思　用軟裝佈置，改變空間氛圍

當空間定調為美式鄉村風，硬體設計完成之後，還是需要透過軟裝佈置突顯設計風格，善用燭台、植栽、鮮花、甚至人造花妝點空間，可以讓家的感覺變得更溫馨。此外，抱枕、掛畫、甚至小孩喜愛的布偶，也可以達到畫龍點睛的裝飾效果。

善用傢飾柔化空間

經常被忽略的衛浴空間，可以利用燭台、鮮花等裝飾讓空間變得更柔和。

鮮花、玩偶為家添暖度

若是覺得家中太單調，可以利用鮮花或人造花、抱枕，甚至小孩最愛的玩偶佈置，可讓家中呈現溫暖氛圍。

格局 大改造

問題點 1：臥房與和室隔間遮蔽光線，讓室內不開燈就全黑。

問題點 2：全家都擠在一間大通鋪主臥睡覺，沒有隱私。

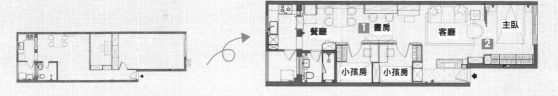

Before   After

1 讓動線流暢的格局改造

主臥透光的格門，引進採光，讓室內變亮；從客廳通往廚房的廊道規劃為書房與餐廳區，讓動線變流暢。

2 把大通鋪變成溫馨主臥

把家中的大通鋪主臥縮小，移到房屋前段，並利用玻璃格門把光線引進緊鄰的客廳區，需要隱私時，就把窗簾拉上。

台北市 ·25坪 ·4人 ·3房2廳2衛

道地美式鄉村風，
重溫國外生活記憶的美好

| **Alice&Aidan** | 喜歡鄉村風的 Aidan，原本在美國 IT 產業工作，多年前與前往美國留學的 Alice 相遇、相戀，進而結婚生子。因種種因素，夫妻倆必須返國定居，但兩人都希望能把在美國的生活氛圍複製到台灣，甚至用心蒐羅許多美國鄉村風五金用品寄回台灣，期望打造出道地的美式鄉村風住宅。

屋主這樣說

懷念旅美生活空間

因為我們倆都曾在美國生活過，非常懷念美式生活空間，雖然想用美式鄉村風改造這間老房子，但屋況老舊，衛浴設備很糟，屋高又不足，加上第二個孩子即將出生，房子格局也不符合需求，希望能透過專業設計完成夢想。

設計師這樣想

拱形語彙一次解決風格和屋高

因應屋主的身高，改善屋高不足的問題，刻意保留天花板高度，用美式鄉村風常用的裝飾性木樑，修飾餐廳天花板，並以合宜比例，在屋中大量使用拱形，包括門框、櫥櫃、壁面裝飾都使用這個造型，突顯美式鄉村風特色。

喜歡美式鄉村風的屋主，幾乎都有一種溫暖、顧家的特質，Alice與Aidan給人的第一印象就是這樣。從美國回來定居的夫妻倆都很懷念國外的生活氛圍，希望把四十年的老屋，變成溫暖的美式鄉村風住宅。

然而，Aidan夫妻倆的身高很高（男生190公分，女生170公分左右），但這間位於台北市區，屋齡四十年的老房子，屋高卻只有約2米5，且屋內有支大樑，不僅對他們兩人來說有壓迫感，也對原本應該寬敞、朗闊的美式空間設計來說，是一大挑戰。

合宜的比例配置，化解屋高問題

為因應Alice與Aidan兩人的身高，家中所有門片都刻意拉高，並且利用餐廳上方的裝飾性木樑，弱化結構樑的存在，同時又能襯托美式鄉村風的設計基調。客廳電視牆以壁爐的造型塑造，並將原本從餐廳區出入的客浴，改由客廳方向進出，刻意設計拱形木門美化空間，恰與電視牆及沙發背牆相呼應。

玄關的設計，也是這次風格改造的重點之一，運用優雅的美式線板和壁紙，區隔玄關、客廳，再透過拼花地坪做出空間界定，不僅讓內、外有了緩衝空間，也一入門就能感到美式鄉村風的特色。

對於一家四口同住，室內坪數只有25坪的房子來說，只要收納規劃得好，東西再多也不會亂。

我們向來強調依動線安排收納的原則，因此從玄關開始，就規劃容量充足的落地鞋櫃，搭配美式語彙的百葉門片設計，同時也兼具通風透氣的效果。

客廳區的電視牆下方，規劃開放式的CD、書籍收納；餐廳旁則利用結構柱與樑下深度的畸零空間，設計美式拱形電器櫃及與廚房玻璃格門對稱的收納櫃；從客廳通往餐廳的廊道，規劃為上層開放，下層門片式的書櫃，讓餐廳兼具書房的複合機能。

1 **把美式壁爐搬回家。** 在美國生活，壁爐是非常重要的取暖設備，在亞熱帶的台灣，雖然用不到壁爐，但以合宜的比例，設計一個壁爐造型電視牆，讓Alice與Aidan可重溫美式生活氛圍。拱型的設計與沙發背牆呼應。

2 **內、外緩衝的玄關設計。** 老屋原本並沒有玄關，入門一覽無遺的格局，有穿堂的風水疑慮。因此利用美式線板與壁紙做出隔屏，加上拼花地坪界定，不僅讓內、外有所區隔，同時解決風水問題，也能呼應美式風格的設計語彙。

3 **裝飾木樑，弱化樑的存在。** 為解決屋高低矮，天花以裝飾性木樑加上間接照明的設計，不僅可弱化樑的存在，也讓空間有向上延伸的視覺效果。同時利用結構樑下的柱體深度，規劃電器櫃和書櫃，將畸零空間運用到極致。

想做出道地的美式鄉村風，不只靠設計師．

屋主勤做功課，參與改造過程．

才會讓家更有自己的味道

Vivian

做足功課，共同參與改造大計

　　從一開始，Alice與Aidan就從網路上搜尋了許多嚮往的美式空間圖片讓我們參考，因為他們倆勤做功課，對設計溝通有很大的幫助，很快就能抓到他們想要的設計風格。

　　除此之外，他們也特別從美國蒐羅許多五金用品，當我們在更新老屋陳舊的廚房、衛浴配備時，就一併規劃進去，讓美式風格更到位。

　　這對很有想法的夫妻，在挑選建材時也很用心，Aidan說：「我們很懷念以前在美國生活時使用的廚房和衛浴。」因此，廚房、衛浴使用的磁磚，他們特別選擇在美國居住時感覺最貼近的牛奶磚，讓衛浴、廚具的空間帶點懷舊的氛圍。

　　當他們的家設計完成之後，我深深覺得，用心做功課的屋主，的確可以讓設計加分，也因為他們的共同參與，讓家創造出獨具風味的個人特色。

4 **選對餐桌，風格不走調。**風格定調於美式鄉村風，所以選擇白色系的長餐桌，滿足一家四口用餐需求。此外，因為坪數小，餐桌尺度必須考慮預留足夠走道空間，才不會讓空間變小。

5 **美式五金，讓風格更到位。**Alice 與 Aidan 從美國挑選了許多美式鄉村風的五金寄回台灣，像是毛巾架、鏡面、水龍頭等這些充滿趣味的小五金，一一安裝上去，讓整體風格更到位。

6 **特殊磁磚，讓家帶有懷舊氛圍。**用心參與設計的 Alice 與 Aidan，挑建材時不僅衛浴用帶有立體感的白色牛奶磚，廚房也挑了同一款綠色磁磚，搭配白色美式廚具，讓廚房帶著一點懷舊氛圍。

衛浴也要加美式格門！

Adian：應該只有我們家
　　　　才會把玻璃格門放進衛浴！

汪哥：雖然這樣做很冒險，
　　　但我們樂於挑戰。

4

5

6

傢飾延續細長印象

因為沙發背牆的壁紙選擇藍白相間
的條紋圖案，因此燈飾與花器的選
擇，也有異曲同工之妙，延續俐落
直線的印象。

佈置巧思　## 與色彩相呼應的軟裝佈置

因為沙發的藍色讓公共空間的色彩定調於清爽的藍白色系，因此挑
選抱枕的時候，也以深淺不一的藍白色與之搭配，大小不一的抱枕
配置，讓空間顯得比較活潑。此外，藍白色往往會讓人聯想到帶有
休閒意味的海洋風，因此非常適合搭配船或燈塔等相關傢飾。

呼應海洋藍的配飾

藍與白，讓人聯想到休閒感的海洋
風，非常適合搭配燈塔、船等相關
主題的傢飾。

以傢具定調空間主色

因為藍色沙發的關係，因此將公共
間定調為藍白色系，軟裝佈置的抱
枕也以相同的色彩與之呼應。

格局大改造

問題點 1：家中僅有兩房加上更衣間，但是實際上需要三房。

問題點 2：入門處沒有玄關設計，且有穿堂煞的風水疑慮。

Before

After

1 把更衣間變小孩房

為了迎接新生的小寶寶，把原本從主臥出入的更衣間，改為從廊道進出的小孩房。

Before

2 增設隔屏，搭配地坪界定玄關

用美式風格的隔屏，搭配拼花地坪，界定玄關使用空間，讓內、外有所區隔。

Before

case
11

新北市 ·30坪 ·1人 ·2房2廳2衛

為期待成家的陽光男，
打造溫暖自然的美式鄉村風居家。

| **雍澟** | 在外商公司擔任市場行銷工作的雍澟，熱愛棒球、騎自行車等運動，是個十足的陽光男。因為曾在美國生活過一段時間，為了將來成家考量而買下與父母家臨近的電梯大樓新成屋，並決定以能和未來另一半分享佈置喜悅的美式鄉村風作為新家的設計風格。

攝影 _Amily

屋主這樣説

用溫暖美式鄉村風等待女主人

因為一直與父母同住,所以在舊家不論設計風格或佈置都沒有主控權,希望
新家可以用我最喜歡的溫暖美式鄉村風設計,將來還可以和另一半共享佈置
新居的樂趣。

設計師這樣想

用美式語彙與色彩,呼應暖男形象

第一次接觸雍凜,就覺得他的形象很陽光,當他説要用美式鄉村風設計自己
家時,我們一點也不意外。但六年級的他,對顏色接受度很保守,還是選安
全牌的米黃色,為讓空間能與他的個性呼應,我們除了大量運用美式語彙之
外,更決定在公共空間配上呼應他陽光形象的綠色。

很多人覺得鄉村風太過女性化，其實我們有許多屋主都是男生，而喜歡運動，個性非常陽光的雍凜，就是其中之一。

在外商公司工作的雍凜常出國，也曾在美國住過。原本一直與父母同住，對室內裝修風格與佈置完全沒有自主權。當他為了將來成家而買下這間離父母家不遠的新成屋後，決定把家設計成自己喜歡的美式鄉村風。

用美式鄉村風語彙塑造風格

第一次和雍凜見面，他就明確表示：「我喜歡美式鄉村風溫暖的感覺。」而我們也覺得個性陽光的他，很適合美式風格。

新成屋原本的格局，主臥很大，客廳卻很小，對於常常與朋友小聚的雍凜來說，起居空間應該可以放大一點，因此我們拆除主臥隔間牆，改為客廳兼書房的開放空間。並且透過美式線板、文化石材質及餐廳區的裝飾性木樑，突顯美式設計語彙，並選用百葉窗取代傳統窗簾，廚房則保留原有的格子拉門，在外面增設美式門斗，讓風格更到位。

雖然目前只有雍凜一個人住，但他很嚮往婚姻生活，為滿足未來小家庭的需求，我們順應生活動線將餐廳規劃在陽光充足，緊鄰廚房的位置，並在另一側牆面增設茶、餐櫃，為預留走道空間，選擇可坐4~5人的小尺寸長餐桌。

收納設計也是雍凜對未來家庭生活非常重視的一環，因為他經常出國，因此我們從玄關開始就做足大容量的鞋櫃、衣帽櫃。客廳兼書房則利用局部開放層板及大量的門片式收納，滿足未來生活需求；主臥房則規劃一整排衣櫃，即使未來女主人入住，容量也足夠。且所有櫃體，都以美式造型線板勾勒，連客用衛浴都採用相同造型門片，將入口隱藏起來，再結合鄉村風傢具、傢飾佈置，讓風格語彙無處不在。

1+2 **善用風格語彙，讓設計更到位。**餐廳區捨棄傳統的窗簾，改為百葉窗，天花板增設木樑，突顯美式鄉村風的設計語彙。廚房保留原有的玻璃格門，在外面增設美式門斗，不僅為廊道引光，也讓空間風格更到位。

3 **拆除隔間，放大公共空間。**把過大的主臥房隔間拆除，改為和客廳相連的書房，放大了公共空間。並運用線板做出多層次天花板，搭配鄉村風常用的木樑、文化石，讓風格定調。

1

攝影_Amily

2

運用美式鄉村風的設計語彙讓風格定調，
色彩對於營造溫暖的鄉村風氛圍，
有決定性的影響。

～汪哥

3

突破傳統用色的迷思

或許是根深柢固的傳統觀念無法改變，即使雍凜已經選定了美式鄉村風作為空間設計主軸，但仍提出希望櫃體顏色是深色木紋的傳統想法，而且希望壁面顏色用保守的米黃色就好。

雖然我們知道自己的專業經驗，可以充分掌握設計完成的整體空間美感，但對於沒有裝修經驗的屋主來說，透過設計圖與透視圖，他們還是無法想像空間完成之後的樣子。因此我們在木作完成，進行油漆工程時，特別請師傅試著用他選的顏色及我們建議的牆色分別試刷，當雍凜看到兩者的差距之後，終於採納我們建議的綠色作為公共空間的主色，也更能傳遞美式鄉村風自然溫暖的空間氛圍。

4+5 **因應未來生活，做足收納。**雖然目前只有雍凜一個人住，但為了將來成家的需求，不僅在玄關區規劃大容量落地鞋櫃及衣帽櫃與收納雨傘等物件的空間；客、書房也做足收納，甚至用與收納櫃門形式相同的隱藏門，將客用衛浴入口藏起來，讓家變得乾淨、俐落。

6 **與風格相襯的用色。**為了傳遞美式鄉村風自然溫暖的空間氛圍，在公共空間的壁面色彩，刻意選擇綠色作為主色，搭配白色及原木色澤的收納櫃體，以及亞麻色布沙發，讓家感覺更溫馨。

6

雍凜：還是你說的對，綠色果然比較好看！

Vivian：我就說吧！你選的米黃色，
根本是老人家用的！

清新綠的牆面
點亮空間

攝影 _Amily

多用小配件，提升生活感

因為想成家而買的房子，即
使女主人還沒入住，也可以
運用花卉、抱枕、地毯等軟
裝佈置妝點空間，讓家增添
暖度。

佈置巧思

自然的柔性佈置，為空間添暖度

即使是單身男子的居所，也要洋溢家的溫暖，這樣才能招來好
桃花，讓感情修成正果。因此運用花卉、植栽、抱枕、地毯以
及掛畫壁飾，讓原本空蕩冷清的空間，變得繽紛熱鬧。

攝影 _Amily

花卉、相框、擺飾，讓家更熱鬧

在自然的綠色牆面刻意留出展示區，
掛上組合式花鳥、照片相框，再加上
展示區的花卉、擺飾，就能讓家變得
熱鬧繽紛，不再冷清。

格局 大改造

問題點 1：主臥房過大，導致客廳空間有點窘迫。

問題點 2：臥房的結構樑，讓空間有壓迫感。

Before   After

---

1 改變格局，讓空間感倍增

拆除主臥房的隔間牆後，公共空間變寬敞多了，室內採光也變得明亮，讓空間頓時放大許多。

---

2 多層次天花設計，修飾結構樑

客廳沙發背牆後方的房間改為主臥，利用多層次天花設計，弱化大樑的存在感，化解風水禁忌。

Plus 2　這樣擺，空間才好看

生活化是鄉村風的佈置原則，如廚房內栽種可隨手烹調的香草植物，展現出義式鄉村風的浪漫；英式鄉村風常運用小碎花、花葉壁紙、桌布、抱枕營造後花園的繽紛；南法鄉村風則以果實主題的手繪磁磚傢飾與彩玻燈飾，描繪豐饒的農村意象。

1
畫作 & 照片
idea

內容和裱框創造生活魅力

從觀賞角度來說，在同一個觀賞空間裡只能表現一個主題、一個焦點。無論相片多寡，要能讓人眼光聚焦，同時需先參考室內傢具的主要色調後再選配對應的畫作。

不同的空間屬性，挑選的作品也各有不同，走廊牆角很適合佈置成藝術走廊，可同時掛幾幅作品；餐廳可以選用些具有飲食文化主題的影像或是裝飾畫，這樣更能喚起人的食欲；開闊的空間適合大型畫作，以彰顯氣度。如果空間較大或是牆面空白處較多，從視覺角度可以考慮裝飾 2 到 3 幅影像作品加強視覺效果。

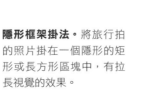

攝影 _Amily

雙幅對稱掛法。兩幅同樣大小的影像表現同一個主題並列掛在牆上，可給予空間穩定感。

隱形框架掛法。將旅行拍的照片掛在一個隱形的矩形或長方形區塊中，有拉長視覺的效果。

以燭台點綴用餐空間。高矮材質不一的燭台，作為餐桌的裝飾，夜晚點亮也能增進氣氛。

燭台 & 蠟燭
idea

營造居家氣氛的要角

燭檯材質有很多種，樣式上有簡約與繁複，可依風格選擇，擺放時留意燭檯高度，不要太高以免影響交談，可搭配造型簡單的燭檯融入各種空間氛圍。

現在由於蠟燭在造型上有更多變化，因此就算單獨只有燭檯也能成為很好的擺飾。蠟燭的運用多半會擺放櫃面上，或是邊几桌面上，甚至是角落地板上，由於蠟燭造型較為簡單，在擺放時多以成群方式呈現，利用數量來豐富它的美感。

擺 飾 品
idea

讓收藏與回憶妝點生活

擺飾品大致可分為餐具、收藏品等，除了餐具可拿來使用外，通常是拿來裝飾居家空間為主。大多會陳列於平台或層板上，甚至是壁爐上，擺設時保留一些呼吸空間，才能營造隨興的留白美感。可將最大、最高的物件擺正中間，以此為中心在左右兩側擺設其他高度較低的物件；或是對稱整齊擺法，於最外兩側必須放置一樣高度的物件（最好為相同飾品），中間則放置相似或相同的陳列品，學會正確的方式，才不會顯得凌亂，陳列物件更加分。

展示生活美好的小物。以層板展示旅遊時購買的紀念品小物等，讓生活更隨興自在。

餐具器皿營造生活感。拼把日常會用到的杯子大方展示出來，家更有生活的溫度

攝影 _Amily

攝影 _Amily

4

植物花草
idea

為居家帶來蓬勃生命力

想轉換空間的氣氛，為空間注入新意，花卉植物是其中一項既簡便又能達到立即效果的佈置利器。即便是路邊隨手摘下的小花小草，也都是生活中不可多得的美麗素材。花卉的形態多變與豐富色彩，不論置於空間，當作視覺焦點；或是駐足於角落製造過渡與轉角的驚喜，都是稱職的角色；且輕鬆為空間進來綠意與生氣。

花器通常與花或者植物一起做搭配，選擇花器時，必需考量插花方式、花朵的種類或者植物的種類，甚至連空間想營造的氛圍都必需將其考慮進去。

窗檯上的小小花園。 刻意在室內開啟一道白色木窗，搭配綠意盆栽和乾燥花，軟化空間氛圍。

5

燈　飾
idea

布罩立燈為角落加分。
除了水晶吊燈作為主燈，
角落安排流蘇布罩立燈，
更顯現層次變化。

形塑居家氛圍的重要推手

從實用的角度來看，燈具身負居家照明的重責大任，而從美學的角度，燈具所散發的光輝能左右空間的氣氛，各式獨具風格的造型燈具，絕對能成為空間中令人驚艷的主角。許多人希望居家空間充滿藝術氛圍，但卻又不知該如何開始。其實可以挑選一些美感燈具，藉由其特殊設計或外型來妝點空間，形塑氛圍不失手，甚至能營造出藝術氛圍感受。美式的鄉村風格居家，除了客廳外較少有主燈照明，而是選擇壁燈、立燈或桌燈等間接燈光來營造出空間氛圍。

6 抱枕 idea

大小混搭製造層次變化

除了滿足坐或臥的功能性需求外，抱枕在裝飾的重要性也不可忽視；雖然是小小一個抱枕，但顏色、材質與擺放方法都會影響整體空間感。而且，抱枕和床單一樣，可隨季節更遞變換布套，增添生活的樂趣。

利用抱枕佈置最重要的元素就是抱枕的尺寸、數量。尺寸選擇，最好以空間大小選擇適當比例，以不影響坐在沙發舒適度為主，控制沙發抱枕數量。大大小小的抱枕都有實際的功能，大抱枕可以當靠背枕，作為看書時使用，有的是小腰枕，或是扶手枕、腳靠枕，透過抱枕的佈置，更能夠展現空間的細緻與溫暖。

同色的深淺搭配。百搭的米色沙發，不論搭配任何色系的抱枕都很適合，因此利用同一色系的抱枕去做深淺不一的變化，讓視覺更豐富。

白色鳥籠為花器燭台加分。在燭台和盆栽加上鳥籠造型的罩蓋，讓平凡飾物變得與眾不同。

鳥籠燈飾增添溫馨感。在充滿自然氛圍的空間中，以佐以植栽、鳥籠等戶外元素，增添濃厚而溫暖的鄉村氛圍。

7 鳥籠 idea

混搭創意的絕妙裝飾

鳥籠由於造型多變，材質多元，鳥籠造型的擺飾，也成為居家裝飾的絕妙點子。仿舊刷漆感、雕花鍛鐵的鳥籠，予人歐式浪漫的感受，也能搭配植物、花藝、小飾品等，作為空間角落最美的一景。甚至能結合燈光，不僅是擺飾，還有實用功能。

Chapter 3
日式鄉村風

日式鄉村風最大特色，是運用溫暖的原木素材，色調也偏淺色系，且會出現來自木構造建築特色的木樑、企口板等設計語彙。再搭配可愛的鄉村風雜貨佈置，呈現質樸自然的風格。

Part 1　**一定要有的元素** elementary

Part 2　**住進溫暖的家** case study

木樑 │ 從木屋結構延伸的設計語彙

位於高緯度的日本，四季分明，冬天會下
雪，木屋構造採斜屋頂設計，支撐屋頂的
結構樑，讓積雪不會壓垮房子。

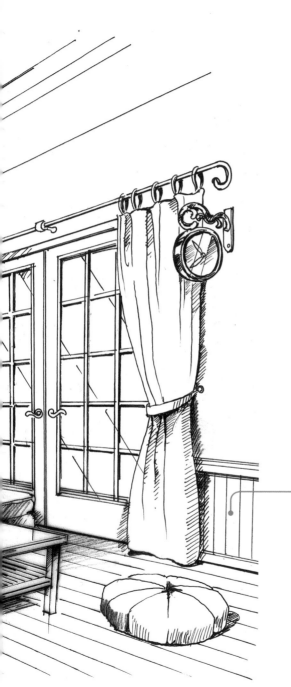

一定要有的元素

日本的住宅目前仍有許多採木構造建築，
因此自然會出現木樑、企口板等從建築延
伸而來的元素。尤其日式鄉村風的企口板
比美式或歐式尺寸窄，是空間設計上最大
的不同。

企口板｜細膩優雅的空間裝飾

因為木構造房屋的建築設計而出現的企
口板，其板材寬度比歐美國家尺寸略窄，
因此形成特殊的日式風格。

01 木樑

從木屋結構延伸的設計語彙

雖然各式鄉村風都有木樑，但日本木屋和歐美木屋設計架構略有不同，美式木屋通常是2×4框組壁式結構，用木隔間支撐，甚至可以在工廠統一做好隔牆，直接搬回家組裝。

但日式木屋多半為大木結構，是由樑、柱支撐建築結構，因此我們常會看到日本住宅改造節目，把所有隔間牆通通拆除，只剩木樑與結構柱的徹底翻新。若在鋼筋混凝土的現代建築中要重現日式木屋結構特色，木樑就變成重要的裝飾性設計語彙。尤其對高樓層鋼骨結構建築來說，天花板上的樑，往往是破壞空間美感的元凶，透過裝飾性木樑，可保留天花高度，達到弱化樑柱存在的修飾效果。

斜屋頂木樑

日本因身處高緯度，冬季會下雪，而有斜屋頂的特殊建築結構，在日式鄉村風中，則變成裝飾性的設計語彙。

02 企口板

細膩優雅的空間裝飾

日式木屋除了天花板的木樑之外，它的牆壁也通常是利用企口板層疊設計的，因此在室內也可以看到明顯的企口板。但是在鋼筋混凝土的現代住宅中，這樣的企口板就變成刻意增設的裝飾性元素。

不只日式木屋有企口板，美式、歐式的木屋也有企口板，兩者最大的差異，在於板材的寬度。日本的建築設計通常較為小巧，因此企口板的寬度比起歐美更窄，運用於空間中，就變得比較細膩優雅。

光是利用企口板的水平、垂直線條，無需使用繁複的線板，就能勾勒出日式鄉村風的設計特色。

企口板

企口板是因木屋建築特色衍伸而來，可水平、垂直交替運用，或僅作腰牆裝飾。

case
12

新北市 ·22坪 ·3人 ·3房2廳2衛

用日式鄉村風，
打造充滿旅遊記憶與收藏的家

│ Nancy │ 經常出國旅行的 Nancy
不僅是旅遊達人，且因為經常網購居
家佈置用品，也可以說是網購達人。
夫妻倆對收藏限量公仔、娃娃很有興
趣，因此非常需要一個可以展示、收
納眾多收藏品的日式鄉村風住宅。

攝影_Amily

想要隨時都看得到收藏品

我們喜歡旅行，也喜歡收集旅遊紀念品與各式各樣的公仔，若不能擺出來欣賞，會覺得花這麼多錢不值得。為了這些收藏品而從舊家搬出來，一定要好好規劃，讓所有的寶貝都看得見。

 設計師這樣想

把家變成藝廊與博物館

Nancy 一家三口的收藏量真的很驚人，而且還在持續增加中。因此我們選擇以佈置為主的日式鄉村風，再以博物館、藝廊的設計概念，規劃展示區，讓大部分的空間留白，透過開放式層架照片牆的設計，讓他們隨時可以把玩、欣賞展示品，也可以隨心情替換。

原本與先生、小孩，一家三口都住在父母家的Nancy，因旅遊紀念品與生活收藏愈來愈多，加上孩子逐漸成長，亟需有自己的空間，於是在老家附近買了新成屋，決定用最適合收藏、展示的日式鄉村風打造自己家。

生活記憶與收藏充分展示

Nancy與其他屋主不同的地方，在於她希望自己眾多的收藏品，能有更多展示空間，而不是只能放在盒子裡不見天日。她笑說：「花這麼多錢買，卻看不到，不是很無趣嗎？」因此，我們並未做太多有門片的櫃子。而她家，也是我們的作品中，少數運用許多開放式層板的設計。

從客廳的電視牆開始，僅以層板交錯，精心佈置的收藏品一覽無遺；沙發背牆也設計上下錯落的平行層板，創造視覺律動，餐廳主牆也掛上Nancy購買的開放式iPad和遙控器、手機等3C產品的收納架。在先生專屬的練鼓室，更規劃工整的開放式層板，讓夫妻倆收藏的公仔等，有更多展示空間。

此外，公共區的走道壁面，除了用排列有序的相框展示旅遊照之外，小孩房與主臥入口處的牆面，則用圓拱設計磁性漆牆面，讓夫妻倆可隨時更換旅遊照與明信片，讓生活記憶與收藏，變成空間佈置的一部分。

1＋2 **一眼看盡的展示區。**為了讓 Nancy 夫妻倆眾多的旅遊紀念品以及各式各樣的公仔、娃娃等收藏品，在客廳主牆、背牆都設計開放式層板，連書櫃及先生練鼓室的收納層架，也以工整的開放式層板設計。

3 **讓風格定調的設計語彙。**木樑、企口板腰牆，以及淡雅的用色，是構成日式鄉村風的主要設計元素。以白色為基調的公共空間，搭配色澤清爽的壁紙，再利用電視主牆及走道腰牆企口板設計，為風格定調。

4 **改善空間缺陷的巧思。**保留最大挑高，在餐廳與走道，利用裝飾木樑弱化結構樑；透過木作延伸客廳主牆，讓空間變得更大器；設計對稱拱形採光門、窗，改善沒有對外窗的暗房問題。

日式鄉村風完全靠佈置. 只要有適合的雜貨.
任何一個房子. 我都可以立刻變成日式鄉村風。
～Vivian

運用企口板、木樑突顯日式風格

日式鄉村風最主要的設計語彙，包括較為清爽淡雅的用色，以及天花板的木樑，和壁面較美式風格語彙狹窄的企口板設計。

Nancy家的客、餐廳等公共空間，主要用色就是白色，搭配色澤清爽，有花鳥圖案的壁紙；客廳主牆與走道區，則用較窄的企口板腰牆設計，突顯日式鄉村風的設計語彙。餐廳區上方的白色裝飾性木樑，除了能修飾空間中橫亙的大樑之外，也是呼應日式鄉村風語彙的關鍵設計。

眾多鄉村風雜貨的裝飾佈置，也是打造日式鄉村風的關鍵，由於Nancy本身在這方面頗有心得，因此裝飾佈置的部分，我們就完全放手，交給她自己完成。

6 **改善空間缺陷的巧思。**保留最大挑高，在餐廳與走道區，利用裝飾木樑弱化結構樑；透過木作延伸客廳主牆，讓空間變得更大器；設計對稱式拱形採光門、窗，改善沒有對外窗的暗房問題。

7 **利用櫃體區隔孩子們的私領域。**男孩房的壁面採用孩子們最愛的水藍色鋪陳，為了讓日漸成長的兩個大男孩擁有專屬於自己的私領域，即使兩人共用寢室，也可透過收納櫃體區隔彼此的寢居空間。

5 讓風格定調的設計語彙。木樑、企口板腰牆，以及淡雅的用色，是構成日式鄉村風的主要設計元素。以白色為基調的公共空間，搭配色澤清爽的壁紙，再利用電視主牆及走道腰牆企口板設計，為風格定調。

4

6

7

Nancy：餐廳相片牆的組合雖然花了很多時間來挑選，
但還挺有趣的！

Vivian：哈哈，你們夫妻倆是我見過組合照片最有概念
且最快速的屋主！

自己做的相片牆

攝影＿Amily

用相片牆細細回味

設計一個磁性牆，把夫妻倆在國外旅行買回來的明信片貼上去，就成為非常棒的空間裝飾，拱形造型讓空間更圓潤也帶出異國風味。

 佈置巧思

生活記憶也可以變成空間佈置

每個家都有屬於自己的生活記憶，或許是一起出國旅行帶回來的紀念品，或是因應個人嗜好珍藏的公仔、玩偶，這些充滿回憶和故事的物件，只要運用得宜，也會是很棒的軟裝佈置。

外型相同的放一起最合適

家中處處用收藏多年的公仔、玩偶精心裝飾，讓家充滿生活記憶。在排列時建議成對的物品放在一起，或是擺放外觀形狀雷同的裝飾，可呈現對稱、相同序列的美感。

攝影 _Amily

1 改變風格的浴櫃與百葉窗

新成屋的衛浴配備其實可以不用更換，只要換掉浴櫃，再增設百葉窗，就能呼應日式鄉村風的風格。

2 造型衣櫃突顯設計風格

主臥房利用樑下空間增設鄉村風的造型衣櫃，滿足收納機能的同時，也可營造日式鄉村風的空間氛圍。

桃園縣 ·27坪 ·4人 ·2房2廳1衛

用日式鄉村風，
打造宅女老師的度假天堂

│ Iris │ 原本與家人住在桃園市透天住宅，在國中當代課老師的七年級生 Iris，不上課時，喜歡宅在家上網、看 DVD。當她以首購的方式買下這間位於中壢市的新房子之後，就決定用自己最愛的溫暖日式鄉村風打造讓全家共享的度假屋。

攝影＿Amily

想要自然又溫暖的空間

其實我對風格的設定很單純，只要自然、溫暖的感覺，不要太複雜的裝飾，不一定要用什麼風格。因為我喜歡木頭帶來的溫暖感覺，希望家裡不要用太冰冷的材質。當然新家一定會想好好佈置，而我也喜歡鄉村風雜貨，用日式鄉村風或北歐風都不錯。

 設計師這樣想

文化石牆突顯日式鄉村風

白色為基調的日式鄉村風，在設計上沒有繁複裝飾，但透過電視牆文化石材質，搭配原木色層板的設計，就能點出自然質樸的特色。再加上廚房、客房彷彿對開門設計的透光玻璃格門設計，不僅可呼應日式鄉村風的設計語彙，也能為廊道與餐廳引進充足採光。

和家人一起住在桃園市透天住宅的七年級生Iris，是國中的代課老師。在與Iris洽談時，她並沒有設定要用哪一種風格，但她說：「我不喜歡家裡冰冷的感覺，最好能有木頭材質的溫暖。」這也是我們把空間定調為帶有原木特質的溫暖日式鄉村風的主要原因。

一次到位的風格設定與格局改造

透過白色為基調的空間用色，以及日式鄉村風經常使用的文化石牆作為電視主牆，再搭配淺色木紋檯面和層板，傳遞溫暖自然的空間氛圍，然後用趣味盎然的鄉村風雜貨佈置，突顯空間風格。

Iris家的廊道空間太大，且會被各房間入口包圍，若搭配傳統木門，將會形成陰暗的長廊，且廚房長度不足，無法容納冰箱，家中缺乏整體收納規劃，因此格局改造就著重在這些部分。

首先我們把廊道縮減，延長廚房空間，不僅可放進冰箱，還可增設電器櫃。餐桌旁也增設茶、餐櫃，且巧妙地把電箱藏起來；衛浴外也因此增加大容量的收納。此外，在入門四十五度角的位置，增設短隔間牆，讓Iris媽媽重視的風水財位有了依靠。

為了替廊道與餐廳引光，鄰近餐廳的客房與廚房門都用玻璃格門，彷彿對開門的設計，不僅呼應日式鄉村風的設計特色，也增加空間延伸感。至於主臥、次臥與衛浴門的隱藏門，則讓原本被切割得零碎的牆面消失於無形，經過這番改造，空間感截然不同，讓來訪的親友們讚嘆不已。

1 **用天花板造型界定空間。**開放式的客、餐廳，利用不同的造型天花板作為空間界定，尤其是與餐廳交界的曲線造型天花板，搭配間接照明之後，不僅可透過燈光改變生活氛圍，也讓原本單調的空間，變得更有設計感。

2 **善用材質與設計語彙型塑風格。**日式鄉村風的線條簡約不繁複，利用文化石電視主牆，搭配溫潤的原木色層板，突顯鄉村風自然質樸的材質特色，再透過玻璃格門強調風格，同時也將光線引進廊道與餐廳。

1

2

日式鄉村風與崇尚自然的北歐風

只有一線之隔，最大的差異，

就在於鄉村風雜貨的佈置。

～Vivian

訂製與空間合拍的傢具

　　由於Iris家室內坪數不大，客廳、餐廳都很小巧，為選擇適合的傢具，煞費苦心，透過量身訂製的傢具設計，依實際空間比例把沙發、茶几及餐桌的尺寸等比例縮小，且依照最初選定的芥末綠餐椅顏色搭配沙發顏色，並定調茶几、餐桌的木質用色，讓空間更有整體感。

　　客廳與主臥房採光最佳的窗邊，用木作設計含有收納機能的臥榻，讓喜歡閱讀的Iris擁有更多休憩空間。尤其客廳區臥榻，在Iris的朋友、學生來訪時，更能派上用場，充當座椅使用，讓公共空間可以容納更多人。

3 **讓風格定調的玻璃格門。**新成屋未安裝門片，加上走道區被數個房門環繞，用傳統木門，會讓廊道變暗，白天也得開燈。因此廚房、客房都用鄉村風常見的格子門，彷彿對開門的設計，既可將光線引進廊道與餐廳區，也讓風格定調。

4 **美化空間的展示、收納。**原本較寬的廊道，稍微縮減，讓餐廳得以增設茶、餐櫃，同時把電箱巧妙地隱藏在其中。此外，更利用樑下的空間，規劃開放式層板，讓 Iris 可擺放書籍與鄉村風佈置，美化空間。

5 **多功能的窗邊臥榻。**客廳和主臥房都利用窗邊採光最佳的地方，增設具有收納機能的臥榻，尤其客廳區的臥榻設計，可當作座椅使用，家中即使客人再多也不怕。主臥房的臥榻則與書桌連成一氣，讓喜歡閱讀的 Iris，多了一個休憩空間。

傢具特別訂製！

Iris：還好你推薦可以量身訂製傢具的店家，
　　　不然我們家這麼小，真的很難配傢具。

Vivian：量身訂製真的很方便吧！要是你買了
　　　　尺寸不合的傢具，那我才傷腦筋咧！

3

4

5

花鳥的清新自然呼應窗景

除了沙發原本配置的抱枕外，另外搭配大、小不一的抱枕、腰枕，選擇花鳥樹花的自然圖案，與清新的芥黃色搭配得宜，呈現質樸的原始氣息，也與戶外的自然景色相呼應。

佈置巧思　傢飾、組合相框，為鄉村風增色

日式鄉村風的空間設計比較簡潔，因此軟裝佈置是風格營造的關鍵，走道區常用的雙面鐘，以及與自然呼應的樹型壁飾，經常運用在日式鄉村風的家中，而Iris挑選傢飾的眼光也很精準，是我遇過的屋主中，對佈置美感非常有sense的一位。

雙面鐘裝飾，風格立即成形

雙面鐘在鄉村風中是常用的裝飾元素，只要放在廊道，就能立刻顯現濃厚的風格特色。同時餐廳選擇細緻的吊燈，不僅視覺不顯厚重，也能呈現日式的簡約感。

木質元素使空間同調

客廳沙發背牆選擇組合式畫框，搭配樹形照片掛飾，不論是畫框和掛飾，都選用溫潤的木質，呈現一致的素材調性，讓視覺統一。

攝影 _Amily

收納
大改造

1 善用畸零空間，讓書房更舒適
利用結構樑柱的深度，規劃收納櫃，並且沿著窗邊設置臥榻式休憩區，讓書房變得實用又舒適。

Before

攝影_Amily

2 利用廊道空間設計衛浴收納
衛浴改為隱藏門，外面的廊道空間增設落地的大容量門片式收納，把日用品備品都藏起來。

攝影_Amily

Before

3 修改廊道，增加廚房收納
原本過於寬闊的廊道，略為縮減後，讓廚房可容納冰箱，同時增設電器櫃，滿足收納機能。

Before

攝影_Amily

case
14

新北市 · 24坪 · 2人 · 3房2廳2衛

愛情長跑的終點線，
洋溢幸福的日式輕鄉村風住宅

｜ **Catchy&Wenyi** ｜ 從學生時代的
班對開始，愛情長跑十年的電子新貴
情侶 Catchy 和 Wenyi，買下位於
新北市的中古屋，作為未來新婚的居
所。向來喜歡簡約的兩人，希望能用
日式輕鄉村風的設計，打造幸福洋溢
的窩。

把不喜歡的風格徹底換掉

原本的中古屋雖然號稱有百萬裝潢,但風格是很濃厚的南洋峇里島風,完全不符合我們喜歡簡潔俐落的喜好,希望在盡量不更動格局的狀況下,能夠變成比較簡約的日式鄉村風。

 設計師這樣想

回歸自然的日式鄉村風

Catchy 和 Wenyi 喜歡簡單自然的清新風格,所以盡量不用繁複的裝飾性線板,將線條簡單化,打造日式輕鄉村風的居家。空間中最大亮點,是可作為餐桌與書桌使用的吧檯桌以及與之呼應的造型燈飾。此外,就利用鄉村風的雜貨來佈置、裝飾,讓空間回歸自然原味。

很多人第一次買屋，都是為了結婚成家，愛情長跑十年的Catchy和Wenyi也不例外，對於新婚生活有許多期待的兩人，買下這間僅五年的中古屋，內部裝潢卻是與他們年輕活潑的特質完全不相襯的峇里島風格。暮氣沉沉的用色，讓兩人有點小失望。

質樸的選材，打造清新的氛圍

雖然買不到符合自己期待的裝潢屋，所幸裝修可以改變房子給人的印象。在和Catchy和Wenyi初步洽談時，小倆口就提到他們想要的設計風格比較接近簡約的北歐風。經過討論後，我們決定將房子定調為日式輕鄉村風。

以白色為基調的空間，搭配質樸的文化石牆，淨白的色系讓坪數不大的空間有效放大。收納設計的線條也不做過多複雜的描繪，沒有繁複的線板裝飾，且盡量利用樑下空間，減輕壓迫感。屋高不足的問題，則透過簡約的天花板設計，搭配投射燈，保留最大挑高。

由於Catchy和Wenyi很少下廚，多以輕食為主，因此他們非常希望家中可以有一個輕食吧檯。因此我們在較長的客、餐廳區，增設一個淺色木紋、含有抽屜收納與線槽配置的吧檯。不僅有輕食桌的機能，同時也是一個小書桌，Catchy和Wenyi就可以在這裡上網、看書、喝咖啡。親友來訪時，只要把下面的活動餐桌拉出來，立即成為6～8人用都沒問題的大餐桌。複合式的設計為小坪數住宅，創造最大的空間效益。

1 **蜂蜜芥末色沙發，營造幸福氛圍。** 木傢具的挑選，往往會影響整體空間氛圍，為了替小倆口打造甜蜜的新婚氣氛，我們刻意挑選一款造型可愛的蜂蜜芥末色沙發，為他倆創造幸福洋溢的生活場景。

燈飾的選擇也必須能和空間相呼應，由於客廳為了保有最大挑高而選用投射燈，餐廳區我們就刻意選擇一盞造型趣味的長形白色主燈，對於整體空間風格的營造，有畫龍點睛的提點效果。

手繪壁畫為淡雅空間增色

日式鄉村風的用色與北歐風非常接近，都是以白色為基調，再搭配清爽的配色。因此客、餐廳的公共區域，我們就完全以白色為主，再搭配較淺的文化石牆，主臥房則因應Catchy和Wenyi的喜好，用了比較浪漫的紫色系。

由於他們倆在主臥挑選了非常可愛的氣球燈取代一般的床頭壁燈，因此我們決定加上手繪圖，讓虛實交錯的氣球，替空間增色，變得趣味盎然。

2 **文化石主牆成視覺焦點。** 為了不使單一色系的空間過於單調，客廳主牆利用文化石鋪陳，粗獷的手作質感創造自然質樸的氛圍，也讓視覺更為豐富。同時電視右側沿樑柱增設收納櫃延伸至底層，形成 L 形櫃體，巧妙運用空間創造收納的最大效益。

3 **無贅飾的減法概念，解決屋高低矮。** 屋高不足，卻有無謂的裝飾天花板。拆除原先天花之後，以減法的概念，讓天花無多餘的贅飾，再搭配間接照明，讓空間有向上延伸的效果；所有收納櫃的設計也不用裝飾性線板，以俐落的線條來表現

4 **兼具書桌與輕食機能的吧檯。** 在長型的客、餐廳區，增設一個輕食吧檯，不但有可收納的抽屜，還預埋3C 產品使用的線槽，方便 Catchy 和 Wenyi 上網。同時當親友來來訪時，還可以把活動餐桌拉出來一起用餐，形成複合機能的多功能區域。

2

日式鄉村風在空間舖陳上非常簡潔
包括傢俱造型也很輕巧，氛圍的營造
全靠鄉村風的軟裝佈置來達成。

～ Vivian

佈置巧思　巧用雜貨點綴，風格立即成形

我經常開玩笑説，只要運用雜貨佈置，任何一個家，都可以立刻改造成日式鄉村風。事實上，日式鄉村風的確就是以現代而簡約的設計為基礎，搭配許多可愛的小配件，營造溫暖的輕鄉村風氛圍。

迷人配件點亮空間餘白

以白色為底，輔以文化石牆提點的基本裝修之下，搭配趣味掛飾，以及色彩鮮明的抱枕，就能突顯日式鄉村風的特色。

依傢具形狀和大小選擇燈具

配合長方的吧檯，刻意選擇長形吊燈讓比例對等完美，趣味的造型是空間中的亮點。牆上掛一個木質造型掛鐘，底下再加上簡單的掛勾與線，將生活照晾起來，就能營造出日式鄉村風的氣氛。

相片牆成為吸睛重點

在偌大的沙發背牆上，利用大小不一的相框，把旅遊記憶框進去，隨著心情與季節更替，不僅創造視覺焦點，也為小倆口創造更多生活樂趣。

1 只換門片與檯面，
讓廚具與風格相符
中古屋的廚具還堪用，
更換與風格相近的門片
與檯面，既可節省預
算，也能與整體風格搭
配。

Before

---

2 手繪壁飾，增添生活趣味
主臥拆除風格不符的造型牆，改為浪漫的粉紫色，搭配活潑的
氣球壁燈，加上數顆手繪氣球，增添設計趣味。

Before

Plus 3　順著生活動線，搞定 5 大區域收納

如何讓鄉村風特色發揮到極致，卻又不失實用生活機能，最大的關鍵就在於收納設計。我們非常強調依生活動線做收納，這樣才能隨手把日常用品收妥，讓家裡隨時保持井然有序的樣貌。

隨手收納，生活不亂

為何我們除了為屋主營造想要的風格外，每個案子都很強調依生活動線做收納？原因是人通常有惰性，回到家若必須穿越客廳走到後陽台或臥房，才能收起雨傘、外套，一般人可能會想「等一下再收吧！」但這等一下，很可能就萬劫不復，讓客廳淪為垃圾山，堆滿不該出現的外套、書本、沒洗的杯子，就算空間設計得再美，也是枉然。

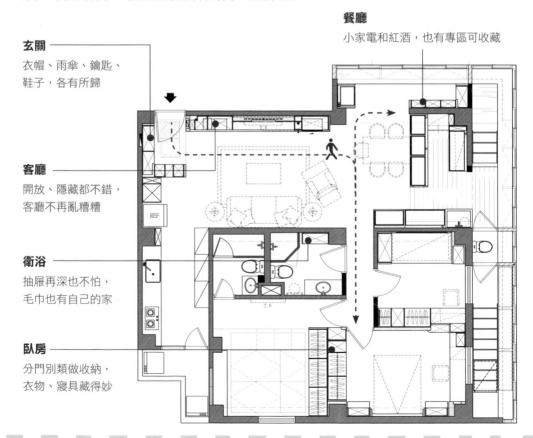

餐廳
小家電和紅酒，也有專區可收藏

玄關
衣帽、雨傘、鑰匙、鞋子，各有所歸

客廳
開放、隱藏都不錯，客廳不再亂糟糟

衛浴
抽屜再深也不怕，毛巾也有自己的家

臥房
分門別類做收納，衣物、寢具藏得妙

衣帽、雨傘、鑰匙、鞋子，各有所歸

玄關就是回到家卸下身上所有不會用到的物品之處，因此包括外套、鞋子、雨衣、雨傘、公事包，甚至家中鑰匙或摩托車、汽車鑰匙、安全帽，所有與外界連結的物品，都可直接在玄關卸貨，放進收納櫃裡。於是我們會設計專屬鑰匙盒、衣帽收納、鞋櫃，甚至因應不同櫃體深度有軌道拉盤式收納或旋轉鞋架，讓物件拿取更方便。

攝影_Amily

有衣帽間功能的玄關櫃

設計小型衣帽間，把常用的出入必備物品放進玄關櫃裡。出門拿傘、換外出服、回家換拖鞋，都不會因健忘而需往返，浪費時間。

給鑰匙專屬的家，不再找鎖匠開門

用隱藏式設計，規劃專門放鑰匙的櫃子，回家後，習慣先掛鑰匙，不再隨手亂放，出門不會忘記帶鑰匙，再也不用找鎖匠開門了。

方便拿取的旋轉鞋架

若玄關深度實際可以達到 40 公分深，就可以利用旋轉五金鞋架，讓後方鞋子方便拿取，且透過開放式層架，讓鞋子樣式、顏色，一目了然，搭配衣服更有效率。

攝影_Amily

2 客廳 *Space*

開放、隱藏都不錯，客廳不再亂糟糟

客廳彷彿一個家的門面，親友來訪時，多半待在客廳，最需要收納的物件包括電視機、音響的機櫃，及 CD、DVD、書籍及屋主的紀念品或收藏品。不想被看到的東西，可利用隱藏式門片收納，想秀出來的收藏，則用開放式層架展示，讓家裡不再亂糟糟。

秀出收藏的開放式層架

利用開放式層架，把想要秀出來的書籍、CD、旅遊紀念品及鄉村風佈置或公仔等珍藏展示出來。

3 餐廳 *Space*

小家電和紅酒，也有專區可收藏

餐櫃的收納往往因使用者需求而異，有人把餐櫃當成茶、餐櫃，就近收納碗盤、杯子、咖啡機、熱水瓶等小家電。有些屋主則有品酒習慣，與家人小酌一番，是生活一大樂趣，因此量身訂製的酒架，就顯得特別貼心，讓生活品味，也隨之提升。

專屬訂製酒架

餐櫃設計在餐廳旁，碗盤、杯子依序收納並不稀奇，依屋主的品酒需求，量身訂製專屬酒架，貼心的設計，讓珍藏的酒類收納更便利。

讓小家電容身的茶餐櫃

餐廳旁的茶餐櫃，不僅可以收納杯、盤、食物，也是咖啡機、熱水瓶等小型家電的收納區。

4

臥　房
Space

分門別類做收納，衣物、寢具藏得妙

臥房的收納，最主要的就是衣物、寢具與棉被的收納，或利用衣櫃或採用開放式更衣間的設計，滿足寢居空間用品的實用收納。更衣間的設計首重分門別類，小孩房的更衣間甚至要考慮小朋友身高規劃層板與掛衣架。此外，還可讓衣櫃和電視櫃結合，利用電視牆後方設計軌道式收納，乍看是牆，細看卻有機關。

依照孩子的身高規劃更衣間

考慮小朋友的身高，規劃掛衣架和層板，讓孩子從小就學會自己動手做收納。

攝影 _Amily

5

臥　房
Space

抽屜再深也不怕，毛巾也有自己的家

通常浴櫃的作用就是放置毛巾、衛生紙或者衛浴用的瓶瓶罐罐。一般浴櫃深度通常為 55 到 60 公分，但放在後半段的東西不好拿，設計兩段式抽屜隔層，把毛巾等天天替換的備品放在前面，較不常更換的瓶瓶罐罐則放在後段。

善用浴櫃深度的隔層收納

深度達 60 公分的浴櫃，前段收納常用的毛巾備品，後面則是較不常替換的瓶瓶罐罐。

Chapter 4
無國界鄉村風

無國界鄉村風顛覆一般人對鄉村風認知，其中
較常運用的元素是中式禪風或南洋度假風的設
計語彙，兩者均會出現實木傢具、門、窗，而
中式格柵、窗花則是更鮮明的風格元素。

Part 1　**一定要有的元素** elementary

Part 2　**住進溫暖的家** case study

窗花 ｜ 為空間增添優雅人文氣息

窗花在中國建築中因不同地區而出現千變
萬化的造型，優雅而具古意的窗花圖騰，
可替空間增添人文氣息。

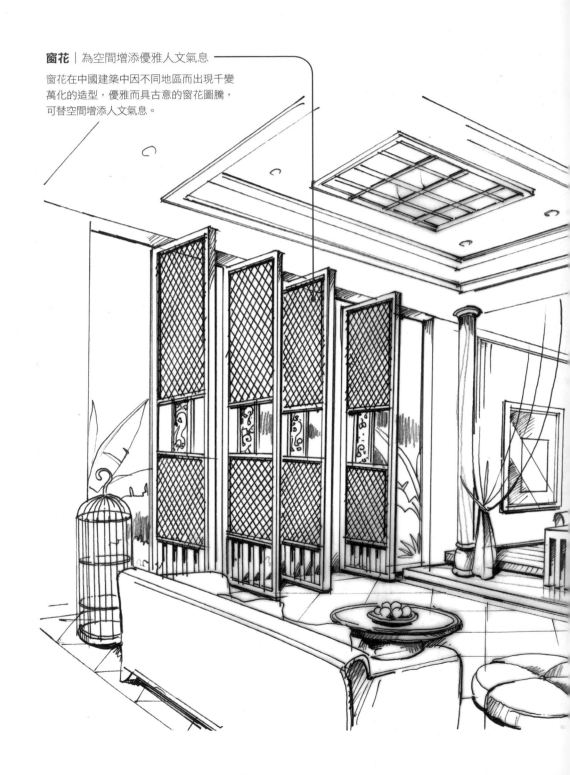

Part 1
打造風格必備元素—中式禪風

在帶有中式禪風設計語彙的無國界鄉村風中，最常出現的元素就是格柵及窗花裝飾。不論用於櫥櫃的門片，或空間隔屏，甚至運用在傢具的設計之中，都能讓空間帶來禪意。

格柵｜引光、區隔空間的裝飾性設計

穿透的格柵具有裝飾、引光效果，經常運用於天花板、隔屏，甚至門片、傢具之中。

門│將歷史的刻痕帶入空間

厚實的木門，也是無國界的南洋、中式風
格中一定會出現的設計元素，具有歷史感
的門片設計，為空間增添古意。

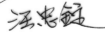

Part 1
打造風格必備元素—南洋風

南洋風主要設計元素是實木或藤編傢具,其
造型自然、質樸,帶來休閒、溫暖氛圍。木
門也是南洋風主要設計元素,造型外觀受到
中國影響,且融合在地多元種族,呈現豐富
視覺效果。

傢具 | 溫潤質感,造就家的溫暖

不論中式或南洋風傢具,幾乎都以自然的
實木素材為主,而南洋風傢具則會加入藤
編元素,溫潤的質感為家帶來溫馨氛圍。

01 格柵

引光、區隔空間的裝飾性設計

格柵的設計元素其實不只出現在中國風的空間中，也廣泛運用於傳統日式風格，帶有禪意的木格柵設計，具有引光與空間區隔的作用，而其穿透感，卻又帶來若隱若現的延伸效果。

除了大量運用於門、窗、天花板的設計外，格柵的元素也成為傢具設計或者櫃體門片上經常運用的設計語彙。

透過深、淺不同的木質色澤，寬、窄不一的格柵密度，以及經由格柵投射的光影變化，也造就了與眾不同的空間表情，讓設計蘊含豐富的層次。而格柵細緻優雅的工法，也是展現工匠技藝的最佳表現。

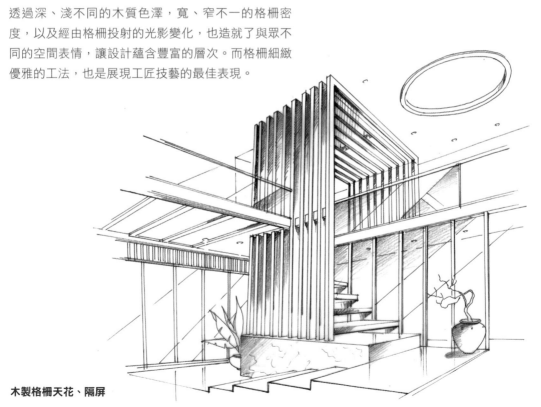

木製格柵天花、隔屏

木製格柵自天花板延伸至垂直立面，界定樓梯的空間，同時保留穿透感，讓光和風不被阻絕。

02 窗花

為空間增添優雅人文氣息

木製窗花的設計，在中式建築中經常出現，原本具有
防盜、遮光、引光的作用，經常見到鎏金雕飾的小型
窗花，或僅由素樸的木質鏤刻而成，嵌入壁面或成為
一小扇窗，卻都是工匠技藝的表現，因此形成中式風
格語彙，且傳遞獨特的人文特質。

在江南的建築設計中，非常注重亭台樓閣、小橋流水
的庭院佈局，窗花不僅只用於窗戶，更可能衍伸為庭
園造景中的空間區隔，尺度放大的窗花，與格柵的作
用有異曲同工之妙，穿透的窗花隔屏，因裝飾性的造
型帶來特殊的光影變化，為生活創造靈動巧妙的自然
風景。

木製窗花隔屏

具象的花瓶、蟠桃造型的木製窗花，為注重
亭台樓閣佈局的江南庭園，帶來人文氣息濃
厚的風景。

03 門

將歷史刻痕帶入空間

木門在無國界鄉村風中，不論中式或南洋風的空間都
會出現。南洋風的木門，其實承襲自傳統中國木門設
計，經由渡海移民的華僑帶進印尼、馬來西亞等南洋
國家，與當地包括回教、印度教等不同族群的文化融
合後，造就出獨特的Fusion風格。

中式木門，在門閂、扣環設計上有獨特裝飾性語彙，
或用獅子、蝴蝶、等具象的銅製造型，或以機關巧妙
的木質門閂，就能自然傳遞中式風格語彙，帶出具東
方文化特質的鄉村風設計。

無國界的木門，不僅用於玄關、房間，更可規劃為衣
櫃、收納櫃門，帶有歷史感的設計，彷彿進入時光隧
道，有時空錯置的復古感。

融合異文化的門

南洋風的門片特色，是將不同種族與宗教的
文化融合，呈現多元混搭的圖騰與造型。

實木拱門

南洋風的拱形木門，其實承繼傳統中式木門的
造型，其中對稱的釦環，是關鍵的設計特色。

04 傢具

溫潤質感，造就家的溫暖

無國界的傢具，所使用的都是自然質樸的天然素材，實木、藤編、棉麻絲綢等織品，巧妙運用於傢具設計之中。

中式風格的傢具會因為不同朝代而有截然不同的設計。較為受大眾接受的，多半是線條靈巧的明式傢具，且多半使用紅木、雞翅木、黑檀等實木製成。

至於南洋風傢具雖同為實木材質，在造型上卻顯得厚實許多，而選用的木質也大為不同。由於身處熱帶雨林區，木材成長快速，常見使用的有櫸木、橡木、花梨木、鐵木等實木。此外，南洋風傢具經常出現具休閒感的藤編材質。不論上述哪一種材質的傢具，都屬質感溫潤的天然材質，可為家增添溫馨氣氛。

藤編沙發與實木四柱床

以自然藤編而成的圓形沙發，可營造休閒的度假氛圍。實木四柱床，則是峇里島 Villa 常見的傢具，極具休閒感。

case 15

桃園市 ·74坪 ·2人 ·2房1廳1衛

在家就像度假，
集鄉村風大成的浪漫大宅

｜ **Vivian& 汪哥**｜擅長量身訂製的鄉村風設計，自己的家可以盡情揮灑創意，把家當成實驗場，讓許多在其他屋主家不可能實現的設計與工法全都派上用場，將鄉村風的無國界精神發揮得淋漓盡致。

攝影 _Amily

屋主這樣說

好想要度假風

設計師的工作經常沒日沒夜，有時三更半夜才回家，還得繼續趕圖，如果家裡不能用自己覺得最放鬆的風格來設計，一定無法支撐日復一日的辛勞。去過峇里島就愛上那裡的自然氛圍，連發呆亭都想搬回來。無論如何，一定要靠自己天馬行空的創意，把所有想要的度假 fu 都放進屋子裡。

 設計師這樣想

就是要把全世界搬回家

自己同時是屋主也是設計師，如果以為創意不打架，那就大錯特錯，設計師想要的才多呢！去了峇里島想要發呆亭；去了雲南，想要一個炕；嚮往哥德式建築，也想造個拱頂。不論工程多艱難，自己家，非得靠設計專業，把全世界都搬回來不可。

　　從事室內設計多年，大部分的時候都在為人作嫁，雖然每個作品完成的時候，看到屋主們滿心歡喜的入住，都覺得與有榮焉，非常欣喜，但是自己始終無緣享受設計完成的空間。買下位於桃園這間新成屋後，我倆的夢想，終於有實現的可能，所有天馬行空的創意，不論工程多艱難，預算是否爆表，為了替自己圓夢，最精華的元素都要放進家裡。

融合各式鄉村風語彙的大熔爐

　　一開始，我們就對想要的風格元素絲毫不設限，包括平常較少用在其他屋主家裡的峇里島休閒風或中式元素，全都放進空間裡。但是如何讓每個空間各自獨立又能完美混搭，不會有衝突感，得靠我們自己多年的設計專業與經驗。

　　從玄關開始，我們就把非常嚮往的歐洲哥德式建築拱頂放進來，再利用手繪的花鳥圖案，創造繽紛熱鬧的玄關端景。

　　入門後，在開放的客廳和廚房間，把我們想要的峇里島發呆亭搬進室內。這個天馬行空的創意及客廳天花板獨特的造型設計，讓木工師傅傷透腦筋，來來回回修改了好幾遍，就是要達到我們幾近苛求的完美。

　　在每個屋主家，我們都會為設計一個象徵性的家徽，自己家當然不例外。沙發背牆朝著光芒四射太陽比翼雙飛的鶴，象徵著我們的未來順風順水，充滿陽光。穿越廊道利用室內植物造景鋪陳出峇里島戶外花園的景象，接著進入席地而坐的書房。我們捨棄一般設計師慣用的和室，用曾去雲南旅遊看見的炕來設計，讓這一區，不僅是客廳之外的休閒區，也是餐廳、書房與工作區。

　　廚房的設計，完全是道地歐式鄉村風，包括櫃體、五金，全都採純歐式設計語彙。至於私領域主臥和次臥，則分別用兩種不同風格規劃。主臥偏中式風格，也有峇里島休閒感，主浴設計延續相同設計語彙，是帶有殖民風的設計。

　　每個空間各自獨立，卻又完美串聯，雖然融合不同的設計語彙，卻一點也不覺突兀。

1 **用哥德式拱門和花鳥圖迎賓。** 玄關入門處選擇哥德式建築的拱門設計，搭配端景牆親自彩繪的繽紛花鳥圖，藉此迎接來訪的賓客。地坪則用象徵錢幣圖騰的馬賽克，恰與端景牆的東方風相呼應。

2 **迎向陽光的家徽。** 每個屋主家都有個性化的家徽，我們家當然也不例外。比翼雙飛的鶴，迎向熱力四射的太陽，象徵著我們的人生，也朝向陽光正面的方向發展，每一天注入對生命和工作的熱忱。

攝影／Amily

著重工匠技藝的手感設計

與我們合作的工班，如果技術不夠細緻，態度不夠嚴謹，很快就會被我們淘汰，在自家施工的同時，手頭還有好幾個工地的案子在進行，歷時一年多的工程，光是客廳天花板的施作，就折煞木工師傅，但正式完工後，連師傅自己也引以自豪。

客廳區華麗的貝殼電視牆，以及用石膏手工打造的立體浮雕沙發背牆與發呆亭背牆緬梔花浮雕裝飾，全都是從無到有，慢慢用手工琢磨、上色逐漸成型。

而把峇里島的發呆亭搬回家的豪語，彷彿癡人說夢，但透過我們的專業設計，加上對木作、泥作師傅的嚴苛品質要求，最後真的完成這項不可能的任務。

雖然裝修預算因為這些天馬行空的創意而無限上綱，最後還真的爆表，但讓回家就像度假的代價，無價！

3 **穠纖合度，比例合宜的發呆亭。** 自從去了峇里島度假後，把發呆亭搬回家，一直是我們倆的夢想，但在室內打造戶外建築，關鍵設計在於比例的掌握，唯有穠纖合度的尺寸，才不會造成空間壓迫感。

4 **讓暖炕轉化為多功能空間。** 到各地旅遊，都能從中獲得書本得不到的靈感，到大陸雲南一趟，就對暖炕的設計情有獨鍾，轉化為空間設計後，結合書房網路線槽及和室桌功效，既能當作交誼廳、餐廳，也是我們的書房與工作區。

3

4

5 **幾近苛求的手感藝術。**以數個弧線造型構成的特殊天花板設計，讓木工師傅傷透腦筋，幾近苛求的挑剔，考驗著工匠的技藝，但是最後完工的成品，讓師傅自己也非常自豪。

手工質感是訂製鄉村風最重要的一環
不論手繪壁畫、馬賽克拼貼、甚至浮雕裝飾，
都必須呈現藝術感，在施工中考驗工匠技藝。
唯有近乎苛求，才能呈現完美

—— 汪哥

6 融合多元素的臥寢空間。
主臥的設計結合了峇里島度假 Villa 的四柱床與布幔、中式窗花拉門和大紅燈籠的設計語彙。多元風格元素混搭的寢居空間，既浪漫，又有休閒感，實現了我們對東方情調鄉村風的熱愛。

7 結合中式窗花、台式菜櫥與飯店設備的衛浴。飯店式的衛浴，一直是我們的設計中很重要的氛圍營造。透過中式窗花的收納櫃門、台式菜櫥的浴櫃設計，以及現代化的衛浴配備，完成了實用又美觀的衛浴空間。

汪哥：這樣做超出預算怎麼辦？

Vivian：沒關係，設計風格和施工品質最重要。

把夢寐以求的
發呆亭搬回家！

攝影_Amily

179

完美混搭的軟裝佈置

客廳多層次的天花板正中懸掛著
一盞仿古燭台燈飾，搭配白色低
背美式沙發，佐以東方風色彩的
抱枕，配上帶有中國風的立燈和
南洋風木質茶几，把不同國度的
軟裝佈置完美混搭於客廳中。

攝影_Amily

佈置巧思

軟裝佈置聯合國

由於空間融合了不同國度鄉村風的設計語彙，因此在軟裝佈置
鋪陳上，也會因應不同區塊風格而變動。有著歐式羅馬柱與特
殊穹頂設計的沙發背牆，可以運用美式低背沙發搭配東方色彩
的抱枕與南洋風木質茶几，佐以歐式仿古燭台主燈，再配上帶
有中式風格的立燈，彷彿繽紛熱鬧的軟裝佈置聯合國。

傳遞東方情調的吊燈與緬梔花

用最具有峇里島特色的緬梔花作為廊道空間的重要造景，
以及用雲南暖炕概念設計的長桌上方，帶有中式燈籠造
型趣味的吊燈，讓空間傳遞出濃厚的東方風。

棕櫚葉和泰式大象雕像營造紓壓衛浴

在現代化的飯店式配備中，放上兩個大象雕像，以及棕櫚
葉，讓住家的衛浴彷彿變身為南洋風的度假 Villa，帶來
舒壓療癒的效果。

美型收納
大改造

1 展示櫃也是隱藏式書櫃

在多功能書房區的另一側，利用軌
道式拉門設計，讓展示櫃變身隱藏
式書櫃。

2 結合電視牆的書房收納

暖炕概念設計的多功能書房區，透過與電視牆結合的拉門，
將雜亂的電腦管線、機櫃及事務機等用品全都藏起來。

3 隱藏於無形的雜物收納

從發呆亭通往廚房的過道區，利用仿舊鏡櫃，隱
藏大容量雜物收納。

case
16

台北市 ·40坪 ·1人 ·3房2廳1衛

融合東方元素，
用中式鄉村風營造優雅熟齡生活

| 高姐 | 喜歡花藝、手作、園藝，且收藏許多骨董的高姐，原本住在文山區的公寓式房子，為了將來維持熟齡的優雅生活，且出入方便，於是買下附近電梯大樓的中古屋，因為收藏了許多中式骨董，且對過往鄉居生活記憶深刻，希望家的設計融合中式風格與鄉村風元素，打造與眾不同的優雅空間。

攝影 _Amily

想要帶有東方風格的鄉村風

我很喜歡以前住在鄉下的感覺，但是又希望空間可以帶有一點中國風，這樣才能跟我收藏的骨董搭配。因為平常喜歡插花、做做手工藝，最好房子的設計還能讓我隨時把自己的作品展示出來。

 設計師這樣想

格柵、窗花，帶出東方元素

因為高姐收藏了許多中式骨董，因此利用中式格柵設計穿透的電視牆，門窗和門片把手，也運用中式語彙帶出東方元素。沙發背牆用手繪牡丹花，突顯高姐擅長花藝、園藝，喜歡手作的個人特質，且兼具花開富貴的風水意涵。

台灣逐漸邁向高齡化社會，沒有電梯的老公寓住宅，對於即將邁入熟齡族的人來說，出入不便，將成為未來的隱憂。希望將來依舊能維持優雅生活方式的高姐，在原本公寓住宅附近，找到電梯大樓的中古屋，因為喜歡我們的設計作品，因此決定找我們替她改造為心目中理想的住宅。

中式語彙無處不在

對花藝、園藝頗有研究，平常也喜歡收藏骨董的高姐，氣質出眾，因此我們決定呼應她的個人特質，將空間設定為帶有中式元素的東方風。

高姐說：「因為這間房子我打算自己一個人住，所以房間可以不用這麼多，只要保留兒女偶爾回來住的客房，還有一間平常可以上網看股市、玩遊戲的書房就好。」因此我們拆除了鄰近客廳的隔間牆，藉此放大空間。近走道的結構牆不更動，改為透光的窗花隔屏呼應中式元素，且為通往臥房區的長廊引進採光。

因應中式風格設定，利用穿透的木格柵設計的電視牆，延伸至天花板，餐桌的桌腳以及廚房電動玻璃門的設計也呼應相同的設計語彙。不論門片、窗戶，甚至把手的設計，全都採用中式風格語彙，讓家成為高姐珍貴骨董收藏的最佳展示場。

主臥房床頭延續公共空間的格柵設計，天花板則利用鄉村風常見的木屋結構式木樑做造型，佐以間接照明，讓空間設計感倍增。

除了空間設計運用中式元素，包括家中軟裝佈置，也都以中式風格為主軸。主臥床頭兩盞對稱式大紅燈籠，突顯中式語彙；連客廳、臥房抱枕材質也選擇中式風格慣用的絲質、繡花圖騰佈置。高姐珍藏的骨董桌，則經木工巧手改造，變身為客廳茶几；沉穩的官帽椅搭配量身訂製的臥榻，變成書房專用的椅子。

1 **中式格柵，塑造風格。**客廳電視牆利用中式格柵設計，延伸至天花板，突顯設計風格，並且在天花板的格柵區規劃間接照明。穿透的格柵，既可區隔玄關鞋櫃位置，同時也減輕壓迫感。

2＋3 **講究風水的造型與圖騰。**玄關入口處刻意以圓形作為地坪區隔，並且在長方形的門片上設計了圓拱造型，地面貼附錢幣圖騰的馬賽克，所有櫃體尺寸全都依據文工尺的吉祥數據來設計。

4 **讓空間放大的格局變動。**原本四房的格局，因為設定只有高姐一人居住，僅保留主臥、書房、客房的格局，拆除緊鄰客廳的隔間牆，讓公共空間放大，全屋採光也因此變好。鄰近廊道的結構牆仍保留，原有房間出入口則改為透光的窗花隔屏，將光線引進長廊。

想營造帶有東方情調鄉村風.
除了運用 中式格柵、窗花設計語彙外、
符合風水要求的細節、也是設計關鍵

—— 汪哥

兼具風水和風格考量的圖騰

因為高姐非常注重風水，因此我們將玄關入口處的地坪設計為圓形，並且在長方形的門片上，設計圓拱，地坪則貼附象徵錢幣的馬賽克。包括客廳透光的窗花隔屏、以及書房對外窗的窗花圖騰，都選擇錢幣造型。

客廳沙發背牆神來一筆，用手繪的牡丹花，象徵花開富貴的意涵。所有櫃體尺寸，全都依照文工尺上的吉祥數據來設計。不僅充分考慮風水，同時也達到風格營造的效果。

> 高姐：你們真的很用心，還用錢幣圖案設計窗花，
> 　　　真是太了解我了。
>
> Vivian：好設計也要有好風水，這是一定要的啊！

5 **象徵花開富貴的壁畫。** 論空間設計、軟裝佈置，全都以中式風格語彙為依據，客廳沙發背牆的牡丹花壁畫，不僅呼應熱愛花藝、園藝的高姐個人形象，同時也象徵花開富貴的風水意涵。

6 **窗花、傢具帶出中式語彙。** 書房為廊道引光的玻璃折門，刻意仿照古中國的門片設計，但又兼具現代精神，窗的設計，也以帶有錢幣圖案的窗花裝飾；書桌前放置一張官帽椅，搭配量身訂置的臥榻，處處充滿中式設計語彙。

7 **格柵、木樑突顯設計風格。** 主臥房的床頭主牆，延續客廳的中式格柵元素，天花板則刻意設計鄉村風木屋結構式的木樑，佐以間接照明，讓空間有向上延伸的效果，同時突顯中式鄉村風的設計。

錢幣窗花，
好風水的象徵

攝影 _Amily

傳統燈籠加深中式印象

成對的大紅燈籠，點亮臥房空間，床上擺放綠色絲質抱枕，形成色彩對比，而梳妝台前中式瓷花瓶中雅致的花藝佈置，再度呼應帶有中國風的色彩主題。

佈置巧思

將東風文化帶入空間佈置

大紅燈籠、中國風的瓷花瓶，以及高掛牆上的朝服陶瓷裝飾，甚至亮面、絲質、刺繡的抱枕，所有能讓人聯想到東方風情的軟件，都是在這個以中式鄉村風為主軸的設計案中，讓風格更鮮明的佈置品。

中式折門充滿寧靜風味

用仿古中式玻璃折門及窗花設計的書房，因為牆上掛了一件凝聚視覺焦點的古典瓷製朝服，變得更有中國味。

東方紅、銀配色，古意濃

在綠葉襯托下的牡丹花壁畫前，擺放三人座綠色布沙發，再運用紅、銀、咖啡色，大小不一、錯落放置的抱枕，溫暖整個空間。

格局大改造

問題點 1：隔間牆遮蔽採光，讓客廳變窄。

問題點 2：廊道空間毫無採光，太陰暗。

Before

After

1 改變空間感的格局改造

將四房改為三房，拆除客廳旁的隔間牆，
讓公共空間變得開闊、明亮，空間感截
然不同。

Before

Before

2 為廊道引進光線

書房隔間改為玻璃折門；緊鄰客廳的臥
房隔間牆拆掉，保留結構牆，再把出入
口改為窗花隔屏，引光入室。

case
17

台北市 ·2人 ·35坪 ·2房2廳2衛

峇里島禪鄉村，
實現老屋廢墟重生記

｜**呂先生 & 呂太太**｜原本旅居中國，熱愛鄉村風的呂太太及喜歡度假飯店 fu 的呂先生，決定返台定居，希望用兩人都能接受的設計風格，改造屋齡超過四十年的老屋。最後以帶有南洋熱情，又結合中式禪風人文色彩的峇里島禪鄉村達成共識。

想要與眾不同的鄉村風

原本旅居中國，熱愛鄉村風的呂太太及喜歡度假飯店 fu 的呂先生，決定返台定居，希望用兩人都能接受的設計風格，改造屋齡超過四十年的老屋。最後以帶有南洋熱情，又結合中式禪風人文色彩的峇里島禪鄉村達成共識。

 設計師這樣想

想要與眾不同的鄉村風

我很喜歡鄉村風，但先生卻比較喜歡度假 Villa 的飯店式設計，因此我們希望設計師能為我們設想一個兩人都能接受的獨一無二特殊風格，但又可以把我喜歡的鄉村風特色放進去。

對風格喜好不同的屋主夫婦，對我們來說司空見慣，通常都是太太喜歡鄉村風，先生堅決反對，通常會以雙方都能接受的設計角度找到平衡點與共識。原本長住在中國大陸，決定返台定居的呂先生夫妻倆，正是這樣的屋主代表。

為了回台定居而買下位於台北市的四十年老屋翻修，但呂先生夫妻倆對風格有截然不同的偏好，所幸經過溝通後，充分理解他們對生活氛圍的期望，於是設計風格將結合峇里島Villa的休閒感及中式禪風的沉穩內斂，成為南洋味十足的峇里島禪鄉村。

緬梔花圖騰與重點用色彰顯風格

為每個家量身訂製專屬家徽，是我們的空間設計特色。為彰顯帶有印尼峇里島度假氛圍的設計語彙，我們利用手工彩繪的緬梔花（俗稱雞蛋花）作為沙發背牆的主要圖騰，連軟裝佈置的地毯圖案及牆上的掛畫，都選擇與之呼應的花卉圖案，甚至客廳吊扇燈的造型，也有異曲同工之妙。

空間色彩基本上以清新的白色系為基調，但在玄關入口處的地坪即以外藍、內黃的對比色磁磚拼貼，為空間增色；通往房間的過道上，則是和玄關相反的外黃、內藍磁磚拼貼鋪陳，形成一個內玄關。走道盡頭藍色主牆，與地坪色彩相呼應，上面佈置花卉圖案的掛畫、桌面放置一個帶有禪風意境的佛像，凝聚視覺焦點。

重點用色的設計手法，不僅出現在玄關、過道，餐廳區電視牆也選擇鮮豔的橘色，為空間增添暖度。

1 黃、藍對比，替空間增色。
玄關區以內黃、外藍的磁磚拼貼地坪鋪陳；進入臥房、書房前的過道區則採用相反色系鋪陳。玄關穿鞋椅用黃色，走道盡頭端景牆又用對比的藍。黃、藍對比用色，在純淨白色空間增色不少。

2 緬梔花圖騰帶出南洋味。
客廳沙發背牆利用最能代表峇里島風格的手工彩繪緬梔花作為空間裝飾，連地毯的花卉圖騰、吊扇燈的造型，也都有異曲同工之妙，藉此彰顯最道地的南洋風特色。

透過色彩、材質與相互呼應的圖騰設計，
讓南洋鄉村風和中式禪風混搭呈現協調感性。

活哥

把度假 Villa 的休閒感搬回家

　　拆除老房子原本過低的天花板後，在客廳利用峇里島發呆亭的天花板造型重現南洋風度假Villa的空間；餐廳則是鄉村風常見的木樑裝飾，保留原屋挑高的設計，減輕空間壓迫感，透過兩種不同造型的天花板，界定客、餐廳兩個生活場域，又能將休閒氛圍的南洋風和鄉村風語彙巧妙結合。

　　除了透過空間設計營造度假Villa氛圍，傢具配置也以南洋風慣用的實木傢具為主，厚實的深色實木傢具，非常具有休閒感；餐廳量身訂製，有格柵桌腳設計的吧檯桌，配上編織椅背的高腳椅，巧妙融合中式禪風語彙與南洋風的休閒度假氛圍，為夫妻倆對不同風格的喜好找到平衡點。

　　不僅傢具配置有度假fu，連燈飾也選擇具熱帶風情，符合峇里島休閒感的吊扇燈，讓人身在家中，彷彿置身度假飯店般，可以享受悠閒、緩慢的生活步調。

3 **造型天花，重現峇里島Villa。**客、餐廳分別將峇里島發呆亭的天花板架構，及鄉村風裝飾性木樑放進空間中，保留最大挑高，讓原本壓迫感十足的老房子，頓時化身為舒閒療癒的休閒風度假飯店。

4 **滿足實用機能的餐廳設計。**雖然以休閒感十足的度假 Villa 概念設計，但實用的生活需求不能少。餐廳區是經常往返兩岸工作的呂先生進行視訊會議的地方，電腦管線配置不可少，巧妙的隱藏式設計，讓人感覺不出這裡是辦公區。

5 **現代化的中式書房。**夫妻倆共用的書房，以現代線條結合中式語彙，重新詮釋現代禪風設計，門片式收納櫃，將事務機等辦公室用品藏起來；可供夫妻倆共同使用的量身訂製書桌，則把電腦線路巧妙隱藏。

6 **度假飯店才有的寢居設計。**把峇里島度假飯店慣用的實木四柱床搬回家，用帶有鄉村風花卉圖騰的窗簾裝飾，搭配中式對稱的大紅燈籠桌燈，再放上具有熱帶風情的棕櫚葉，讓主臥變身為度假飯店寢居空間。

4

5

6

佈置巧思　**人文禪風、熱情南洋風的混搭調**

因為屋主夫妻倆在中國大陸待了很長的一段時間，對於中式風格的軟裝佈置很熟悉，同時希望家中可以帶點南洋風度假Villa的休閒感，因此軟裝佈置充分結合兩者特質。不論具有熱帶風情的木雕、相框，或低調沉穩，中式禪風氣息濃厚的佛像、圈椅、鳥籠，都能在空間中水乳交融，完美混搭。

有禪風意境的傢具、傢飾

南洋風的傢具多半以實木為主，搭配中式圈椅和鳥籠佈置，充分發揮峇里島禪鄉村的混搭趣味。

禪意濃厚的佛像與骨董櫃

通往房間的走道盡頭，利用鮮明的藍色端景牆，搭配骨董櫃、花卉圖案的掛畫與佛像，不僅凝聚視覺焦點，也帶出中式禪風的語彙。

與空間呼應的美型吊燈

量身訂製，具有格柵桌腳的實木吧檯桌，搭配藤編高腳椅，天花板則掛上一盞與空間尺度呼應的鐵件長形吊燈，讓空間風格更到位。

2 飯店式衛浴提升舒適度
破舊不堪,連門都沒有的衛浴,經過
徹底改造,成為飯店式乾濕分離的現
代衛浴。

1 殘破老屋變身度假 Villa
天花板、地板、壁板全面改造,
連門窗也悉數更新,讓舊屋煥然
一新。

Before

Before

3 破敗出租房,變身氣質書房
原本磁磚殘破、窗戶破洞的出租房,以
素雅、純淨的白色,演繹現代中式禪風
語彙,為空間增添些許人文氣息。

Before

case
18

台北市　·27坪　·2人　·2房2廳1衛

用異國鄉村風，
打造自然森呼吸的旅人宅居

|陳先生 & 陳太太| 喜歡大自然的陳先生和陳太太，買下位於木柵山區的房子，希望能透過自然元素作為新居主要設計風格。此外，他倆喜歡出國旅遊，且經常帶回許多紀念品，希望能將異國情調的紀念品展示出來，因此非常期待新居能實現他倆對生活的嚮往。

屋主這樣說

想要異國風，也要自然系

因為從事教職，我們夫妻倆經常利用寒暑假出國旅行，對於帶有異國色的空間設計非常嚮往，搬到木柵山區，主要是因為想要親近自然，也希望家中盡量可以運用自然質樸的材質和環境呼應。

 設計師這樣想

讓旅人森呼吸的自然混搭

給喜歡旅遊的屋主，設計一個可以展示旅遊紀念的開放式空間，並透過風格強烈，帶有自然野趣的軟裝佈置，與大環境的青山綠樹相互呼應，讓異國風和自然系混搭的風格，帶來難以言喻的空間療癒。

　　和屋主洽談時候，除了提出格局、動線、採光、收納需求外，最困難的部分，是要理解他們究竟嚮往什麼風格的房子？有時候，如夢境般抽象的描述，才是他們心中的桃花源所在。

　　若依照陳先生夫妻倆從事教職的職業來判斷，可能會誤以為他們喜歡規規矩矩的設計，但從他們選擇房屋所在的木柵山區來看，不難猜測他們對鄉居、野趣的嚮往。經溝通後，果不其然，夫妻倆確實喜歡自然系的設計，愛旅行的他們，也希望能把旅遊紀念在新居中展示出來，於是我們將空間定調於異國風與自然系的混搭。

鄉居野趣與異國風的混搭

　　由於這間房子位於木柵山區，一開門首先映入眼簾的就是青山綠樹，只要待在家，就能遠離都市塵囂，盡情擁抱大自然。因此在空間設計上，我們也希望能夠與自然呼應。利用大片文化石牆，作為客廳電視牆的背景牆，家中的衣櫃也以具有自然紋理的木紋鋪陳，餐桌椅更選用實木材質，為空間帶來溫馨的氛圍。

　　因為陳先生夫妻倆經常出國旅遊，擁有眾多旅遊紀念品，因此我們在餐廳旁邊規劃了開放式的展示架，讓他們可以隨時更換佈置，隨時能夠勾起旅遊記憶。

　　對於喜歡異國風的陳先生夫妻倆來說，透過軟裝佈置來突顯個性最適合。具有異國風情的鹿角燈和鹿頭壁飾，替郊區住宅的鄉居野趣增添了個性化的元素。而在鄉下才能得見的柴堆裝飾，與這個以自然系打造的空間，特別搭調。

1 **展示旅遊收藏的開放式收納。** 為了滿足陳先生夫妻倆展示眾多旅遊紀念品的需求，在餐廳旁的主牆規劃一整排的開放展示層架，不僅可作為書櫃使用，也讓夫妻倆可以透過展示的紀念品，勾起美好的旅遊回憶。

2 **與自然呼應的文化石牆。** 位於木柵山區的住宅，打開落地，映入眼簾的就是青山綠樹，都會區難以得見的美景，成為最佳裝飾。因此空間設計當然要與之呼應，選擇質樸自然的文化石牆。

1

鄉村風的設計、往往可為屋主帶來療癒的效果。
不論那一種鄉村風、自然質樸的文化石牆、
是不可或缺的設計元素。

—— 汪哥

帶來空間療癒的配色

　　雖然陳先生夫妻倆喜歡異國情調的空間風格，但是對於色彩的接受度相對保守，因此我們捨棄強烈飽和的高彩度、高明度的濃豔用色，在公共空間的客、餐廳區，除了白色文化石牆與白色的開放式層架之外，就選擇溫和且與任何傢具、傢飾百搭的大地色系。

　　進入私領域的主臥房，則選用帶點灰色調的粉色作為壁面色彩，搭配淺色木紋衣櫃，恰如其分。至於小孩房，也選擇帶有灰色調的粉紫，營造靜謐舒適的寢居氛圍，讓一家人都能甜美入夢。

　　捨棄了鮮豔的背景色，就可以在軟裝佈置的部分多加著墨，可依照季節與心情替換的抱枕、寢具、地毯等織品顏色，可以選擇比較鮮豔而大膽的色彩，突顯出個性化的異國風格。

3 給主臥一點粉色浪漫。雖然陳先生夫妻倆喜歡異國風，但卻不希望用太過濃豔的色彩，因此主臥房的壁面，選用帶有灰色調的粉色系，搭配淺色木紋衣櫃，感覺非常協調，也能與他們夫妻倆溫和不張揚的個性相稱。

4 粉紫色讓好夢連連。延續粉色系的灰色調，用淺紫色鋪陳的小孩房，有一種輕柔的夢幻感，身處寧靜山區，搭配如此柔和的用色，每天都能夠進入甜美夢鄉。

佈置巧思

自然不做作的個性化佈置

對空間佈置的喜好，通常非常個人化，喜歡旅行，也熱愛大自然的陳先生夫妻倆，個性自然不做作，不僅適合自然野趣的傢飾，也可運用帶有強烈異國情調的軟裝佈置空間。雖然空間用色比較保守，但是在傢飾的選擇上，卻可以稍微大膽，用強烈一點的顏色突顯風格。

鹿角燈和鹿頭營造自然野趣

帶有強烈異國風格的鹿角燈和鹿頭裝飾，為身處山區的住宅，帶來鄉居野趣的自然氛圍。

在軟裝佈置中玩色彩

雖然空間色彩相對保守，但是在軟裝佈置上卻可以使用較鮮明的顏色，突顯異國風的特色。

case
19

新北市 ·16坪 ·1人 ·1房、1廳、1衛

用浪漫異國風，
打造悠閒賞景飯店式住宅

│ Liwei │ 從飯店行銷工作退休，對生活有獨到品味的 Liwei，旅居國外多年。平常喜歡收集異國風收藏，閒暇時有泡茶、品酒習慣，返台定居買下面向淡水河的小坪數挑高賞景住宅，期望讓五年中古屋，變身具飯店時尚感，又融合異國風的休閒住宅。

 屋主這樣說

希望飯店式時尚與異國風結合

雖然已經從飯店的工作退下來，但還是希望自己住的房子有飯店的質感，而這間面向淡水河的房子，有極佳的自然景觀。因此我希望設計能充分發揮空間絕佳自然條件，融合飯店式時尚感，並將我的異國收藏佈置融入設計中。

 設計師這樣想

用時尚材質搭配異國風佈置

為呼應 Liwei 時髦、優雅的個人特質，在材質上特別選用現代感的灰鏡、玻璃材質，並刻意在開放式廚房增設吧檯，透過燈光設計，營造飯店式 Lounge Bar 效果。為充分利用小坪數空間，面窗區架高地坪搭配和室桌，打造具收納、休憩、賞景、客房等複合機能空間。

有不少屋主，是從居家空間的平面或電視媒體報導中，看到我們的設計作品而找上門來，而旅居國外多年的Liwei，也是其中之一。

因為與先生離異而隻身返台定居，Liwei把原本台北市區的老公寓換成飯店式管理，面向淡水河的挑高住宅，藉此與過去切割，迎向全新的人生。由於這間房子是中古屋，原本設計很老派，與她喜歡時尚的飯店式住宅與異國風佈置的個性完全不搭，因此她期望能透過我們的專業設計，在預算內徹底改變風格。

讓風格定調的材質與佈置

與Liwei討論設計時，她說：「雖然我已離開飯店業，但還是希望能用飯店式的風格設計自己家。」如何替她掌控預算，又讓質感與風格不走調，的確煞費苦心。於是我們挑選具有鏡面反射效果的茶鏡以及烤漆玻璃等材質，讓空間風格定調，並減少木作設計，把玄關至客廳區收納櫃全改成系統櫃。

透過天花板帶狀的鏡面裝飾，以及與白色系統櫃門交錯使用茶鏡的設計手法，不僅讓空間有延伸、放大的效果，身在家中任何一個角落，都能欣賞淡水河的自然美景。

此外，盡量運用Liwei收藏的異國風佈置，突顯空間風格。以綠中帶金的壁紙鋪陳客廳主牆，並用她從泰國買回來的金色燭台作為壁面裝飾，地面則鋪上波斯地毯，再搭配量身訂製的臥榻式造型沙發，突顯異國風的設計語彙。而客廳區垂吊式的玻璃主燈，除因應挑高空間格局特色，也能與現代時尚的設計風格相呼應。

1 **改變視野，讓屋主安心的改造。**挑高夾層的格局並未大幅度修改，僅將通往夾層的樓梯隔間拆除，改為曲線造型。不僅減輕空間壓迫感，改變視野，也更符合人體工學，讓曾動過髖關節手術的 Liwei 用起來更安心。

2 **現 代 時 尚 的 飯 店 式 Lounge Bar。**用烤漆玻璃與玻璃材質在廚房區增設吧檯，並且搭配藍色的燈光設計，到了晚上就成為飯店式的 Lounge Bar，滿足有品酒習慣的 Liwei 需求，也成為國外友人來訪時讚不絕口的設計。

3 **善用材質，營造時尚感。**利用茶鏡、烤漆玻璃等現代感的材質，營造具有飯店時尚感的空間風格，並且可透過鏡面反射效果，放大空間，且在家中任何一個位置，都能夠欣賞到淡水河的美景。

將心比心替屋主設想,是我們一直以來堅持的原則
如何讓設計風格與質感,在預算內達成、
也是設計專業的表現

—— 汪哥

架高和室
眺望河景

帶來不同視野的空間微調

　　為發揮這間面向淡水河景的住宅優勢，沿窗區利用架高地坪設計具收納機能的和室，並在靠牆的位置，增設收納、展示櫃，讓Liwei可以收納茶具，滿足她平常賞景、品茗的需求，再利用窗簾、線簾與客廳做出區隔，即使想當客房使用，也沒問題。

　　此外，我們特別在開放式的廚房增設一個吧檯。透過燈光變化，讓這一區一到夜晚就化身為飯店式Lounge Bar，滿足平常有品酒習慣的Liwei需求。而這樣的設計，也讓她許多國外來訪的朋友們，讚賞不已。

　　中古屋原本的夾層並未拆除，僅將通往樓上寢居區的樓梯隔間牆拆掉，改成曲線造型，改善室內採光。曾動過髖關節手術的Liwei說：「樓梯扶手的造型，變得更符合人體工學，讓我上下樓梯時，覺得很安心、安全。」

Liwei：本來以為裝修應該會花很多錢，
　　　　沒想到你們卻讓我在有限的預算內完成夢想，
　　　　真的太感動了。

Vivian：替你掌握預算，本來就是我們該做的事！

異國風壁飾與現代燈飾混搭

從泰國帶回來的金色燭台裝飾，成為挑高客廳主牆的壁飾，搭配現代感的垂吊式玻璃主燈，展現混搭卻不衝突的空間效果。

佈置巧思

用佈置突顯異國情調

以簡潔、俐落的現代時尚飯店式風格，作為整體空間設計主軸，再透過Liwei Pieper從不同國家帶回來的傢飾佈置，為空間增添些許異國情調，讓空間風格，經由設計、佈置巧妙混搭。

突顯風格的線簾與波斯地毯

極具東方特質的架高和室，利用黑色線簾做出空間區隔，客廳區再以紅色波斯地毯鋪陳，十足異國風的佈置，讓人彷彿置身一千零一夜的故事場景。

桃園縣 ·2人 ·30坪 · 攝影棚 · 辦公區 ·1衛

工業感與鄉村風結合，
創造理性、感性兼備的攝影工作室

｜ Frankie&Mina ｜攝影工作室形態，從事商業攝影多年的 Frankie&Mina 夫妻倆，為我們的室內設計作品留下許多珍貴影像紀錄，當他們終於擁有屬於自己的攝影棚之後，期望我們用設計專業為他們量身訂製一個結合工業風與鄉村風的混搭空間。

攝影＿Frankie

屋主這樣説

想讓鄉村風與工業風結合

從事商業攝影多年，終於擁有一個自己的攝影棚，我們接的案子非常多元化，有商品、人物、也有空間設計，甚至還替設計公司拍微電影，因此希望工作室能結合適合拍人物的鄉村風，又能維持工業風的開闊與自由 Style，更希望所有來洽談的客戶與來訪的朋友，都能感受像家一樣的親切溫暖。

 設計師這樣想

給攝影棚一點家的溫暖

把冷調的工業風和暖調的鄉村風同時放進攝影棚裡，最重要的關鍵，在於用風格界定空間，再透過材質運用，彼此呼應。於是洽談區、攝影棚和辦公室各自有獨特的空間氛圍，卻因開放格局及材質呼應而彼此串聯。

與從事商業攝影的Frankie&Mina合作多年，我們早已成為默契十足的最佳拍檔。他們懂得我們作品的優點，也為我們留下許多珍貴的影像紀錄。

當他倆買下位於桃園龜山的老房子，想改造為攝影棚兼工作室時，我們腦海中就出現冰冷、個性化的工業風，與柔軟、溫和的鄉村風交疊的影像。

理性與感性的結合

其實工業風與鄉村風這兩種看似衝突的風格，與我們初次接觸Frankie&Mina夫妻檔時的印象不謀而合。看起來安靜不多話的Frankie，熟了之後，卻非常健談；而外表溫柔婉約的Mina，則是兩人之中比較理性的一個。

Frankie提出想用工業風作為攝影棚設計主軸時，從未嘗試這種風格的我們，也覺得很有挑戰性而躍躍欲試。而我們最擅長的鄉村風，也是他倆很熟悉，且難以割捨的空間風格。Mina說：「雖然是工作室，但我們希望帶給朋友或客人一種家的溫暖。」

因此從入門處，我們就透過水紋玻璃區隔玄關與洽談區，壁面則以大片花磚拼貼，其中刻意嵌入Frankie照片作品所輸出的個性化磁磚，藉此突顯工作室的特色。玄關、洽談區地坪則以工業感鏽銅木紋磚鋪陳，讓兩個空間彼此串聯。洽談區另一側用鋸痕紋木皮一路延伸至天花板的電視牆鋪陳，帶來居家空間般的溫馨氛圍。既有鄉村風感性的溫暖，也有工業風理性的冷靜。

1 **融合不同風格的磁磚拼貼。**入門處延伸至洽談區的大片鄉村風花磚拼貼，刻意嵌入客製化的輸出磁磚，將Frankie為主要客戶拍的代表作放進去。地坪材質則是工業感十足的鏽銅木紋磚，透過材質延伸，串聯空間。

2 + 3 **開放格局，讓空間彼此串聯。**由於攝影棚必須保留最大挑高與開闊的空間，才能因應不同的拍攝主題，因此空間均採開放式設計，滿足實用需求，再透過局部展示層架牆、不同的地坪材質，作為空間界定。

2

空間設計不只是無機質的格局、動線安排或風格之調等理性考量，還要因應不同屋主的個性滿足感性需求。
—— 汪哥

巧妙結合工業風
與鄉村風

攝影_Frankie

除了實用機能，還要滿足心靈

　　作為攝影棚使用的空間必須保留最大挑高和開放的格局，讓Frankie拍攝人物、商品等不同題材時，都可靈活運用。但作為辦公區使用，收納機能卻不能少，因此除開放式格局外，局部作為隔間牆使用的壁面，均規劃開放式層架，滿足收納、展示機能。

　　此外，巧妙運用不同地坪材質，做出隱性空間界定，區劃使用空間，再透過軟裝佈置，為每個使用區營造不同氛圍。

　　玄關、洽談區的鏽銅磚延用至壁面，甚至進入衛浴區。入口處大片花磚拼貼，也從玄關一入鋪陳至洽談區，連衛浴地坪也用花磚素材。洽談區另一側溫潤的鋸痕紋木皮，在辦公區也可見到，透過材質呼應，讓辦公室也有家的溫暖。

　　尤其辦公區旁，因應好客的Frankie&Mina夫妻要求，增設吧檯取代制式茶水間，讓這一區後來成為來訪親友、客戶賴著不想走的舒適角落，帶來心靈療癒的紓壓效果。

Frankie：沒想到鄉村風跟我喜歡的工業風這麼速配！

Vivian：那是當然的，不然設計師是當假的嗎？

如化學結構的工業感主燈

洽談區的長桌上方,選擇一盞彷
彿化學結構造型的主燈,突顯工
業風的設計語彙。

佈置巧思

混搭佈置,創造衝突美

由於空間中既有鄉村風的感性,也有工業風的理性,因此在選擇軟裝佈
置上,最好能將兩者巧妙混搭。不論把質感溫潤的木椅,放在混凝土吧
檯前,或是將復古皮沙發與工業感的電影投射立燈放在一起,都可製造
獨特的衝突美,且不覺突兀,甚至會有一種時空錯置的特殊氛圍。

讓風格融合的黑色百葉

用混凝土砌成的吧檯,搭配鄉村風常用的
鮮黃吧檯椅,襯以一整片黑色百葉窗和實
木,巧妙將鄉村風與工業風融合為一。

文化石與工業風雙面鐘完美混搭

鄉村風的文化石牆,及工業風雙
面鐘,在攝影棚內完美混搭,再
佈置上、下交錯排列的畫框,形
成最佳拍攝佈景。

GO!

Chapter 5

摩登雅舍購物團

傢具、燈飾、窗簾、雜貨等傢飾，這些
充滿溫暖、有手感的物品，是型塑鄉村
風中最不可或缺的點綴。為了納入不同
風情的傢飾，我們也常常需要到處採
購，甚至到日本、泰國蒐羅最道地的小
物，讓家中更具風味。而要如何挑對最
適合的物品，這裡將告訴你關於我們的
購物小訣竅！

Part1 **買對一個勝過買一堆**

Part2 **團購力量大**

Part3 **買到國外去啦**

相框

雜貨

飛到國外去

日本

傢具

泰國

窗簾&壁紙

抱枕&地毯

燈飾

Part 1
買對一個勝過買一堆

買傢具在精不在多,與風格相符的傢具值得等待,千萬不要因為跳樓大拍賣,買到尺寸不合、風格不對的傢具,否則精心設計的空間,就會因為選錯傢具,全盤皆輸。

01 傢具

尺寸、型式對，風格不走調

通常在木作進場後，空間格局與尺度就不會改變，這時候，我們會帶屋主去挑傢具，有些人對傢具材質很在意，有些人則拘泥於形式或顏色，但大部分的人卻常常忽略挑傢具最關鍵的原則，那就是尺寸。

傢具不是剛好可以放進空間就好，整體比例若不對，或預留的行走動線不夠寬，用起來就會卡卡。曾遇過屋主覺得自己的客廳很大，一定可以放得下大尺寸沙發，結果因國外沙發深度較深，放進客廳後，距電視機太近，最後落得退貨的下場。

許多國外進口品牌傢具，尺寸通常是固定的，但國內有些訂製傢具的廠商，可依家中實際尺寸，將傢具等比例縮小，既可找到自己喜歡的造型，也可符合自己家的空間尺度，一舉兩得。

攝影 _Amily

攝影 _Amily

| 1 | 2 |

1　除了風格、設計感與材質、色彩外，挑傢具首重尺寸，一定要考量空間尺度與比例，太大或太小，都會讓風格走調，也不實用。

2　挑傢具雖然要精打細算，但也不能因折扣而失心瘋，保持理性，聽聽專業設計師建議，是選對傢具的必勝祕訣。

圖片提供 _ 艾美精品家居

圖片提供 _ 艾美精品家居

好傢具可以耐心等，不亂買才是王道

很多屋主會在空間設計還沒拍板定案就先買傢具，或許是因為折扣、贈品或其他誘因而失心瘋，買下不知該放哪裡，或與空間風格不搭的傢具，這往往是讓風格走調的最大敗筆，建議大家買傢具時可以比價，但不要貪便宜，也不要急著買，因為好東西值得等待，應該把錢花在刀口上。

通常在畫設計圖時，風格就已經確定了，因此我們會把傢具配置也畫在圖中，而這些傢具多半是依照我們多年的設計經驗，認為比較適合屋主家風格的單品，若真正到傢具店挑選傢具的時候，款式無法完全相同，我們也會提供專業建議。由於大多數的人挑傢具都是憑一時的感覺，不會考慮整體感，因此當屋主找到適合搭配的傢具時，我們也會透過通訊軟體，提供即時的專業意見。

```
┌───┐ ┌───┐  ┌─────────┐
│ 1 │ │ 2 │  │         │
└───┘ └───┘  │    3    │
             │         │
             └─────────┘
```

1　沙發不一定要買整套，三人座搭配一張單椅對一般家庭來說就足夠，也讓空間可以彈性運用。

2　傢具的整體搭配，最好還是聽從設計師的專業意見，比較不會出錯。

3　品牌傢具的尺寸大多是固定的，挑傢具的時候，一定要注意尺寸是否適合，且須預留足夠的走道寬度，才不會讓空間太侷促。

TIPS　挑傢具的原則

坪數小，量身訂製最合用。
若家裡是小坪數的空間，一般品牌傢具的尺寸不見得符合需求，可以選擇量身訂製傢具的廠商，等比例縮小尺寸，讓傢具更合用。

沙發不用整套買，空間運用更靈活。以目前小家庭較多的狀況來看，不需要買整套三、二、一的沙發，就夠用了，用三人座搭配單椅，或臥榻式傢具，讓空間利用更靈活。

多聽、多看、多比較，專業建議要參考。好傢具值得等待，貨比三家不吃虧，大部分屋主挑傢具只看單品，無法想像整體效果，建議參考設計師的專業意見，比較不會失敗。

攝影 _Amily

| 推薦店家 |

艾美精品家居（概念店）

地址：台北市內湖區新湖一路 128
巷 15 號 2F

電話：02-2791-3089

推薦理由：艾美是專賣美式鄉村
風品牌傢具的店，他們最厲害的
地方，就在店裡有電影場景一樣
的情境佈置，進入店內，感覺就
像走進誰家的客廳、餐廳或臥房
一樣，讓屋主採購的時候，也可
以參考傢具、傢飾的搭配與佈置。

圖片提供_艾美精品家居

歐式　　　　美式

中式

02 燈飾

是空間的化妝師，造型主導風格的一切

在鄉村風的空間中，燈飾是凝塑空間的重要推手，一旦燈飾的風格不對，整個空間就會走樣。因此好看且風格合適的燈具，不僅具有畫龍點睛的效果，也能有效美化空間，

歐式和美式鄉村風中，可選擇仿舊、黑鐵材質的燈飾，呈現古樸味道；在造型上，歐風則是帶有彎曲的柔美線條，美式鄉村風又比歐式更為簡約，多呈現俐落的直線。另外，歐風也常將花草、獸角等自然圖騰帶入燈飾，呈現或甜美、或粗獷的氛圍。而中式燈飾多以傳統燈籠造型為主，多有流蘇、古典窗花的設計語彙，象徵喜慶的紅色也是突顯中式風格的一大特色；南洋風則帶入當地的自然元素—竹編藤織，呈現質樸的在地氛圍。

然而燈具的種類這麼多，吊燈、壁燈、立燈等，每一種都需要嗎？其實不然，一般在客、餐廳主燈以吊燈為主，建議選擇大器、有份量的造型主燈，就能成為一進門的吸睛焦點。壁燈常用於廊道底端或兩側，能夠增添氣氛；立燈則適合放在客廳或臥房角落，作為局部增亮的光源。

1

2

1　**燈飾造型決定風格。** 選購前先瞭解不同燈飾的風格語彙，才能精準選對適合的燈具。歐風多柔美、美式較俐落、而中式和南洋風則會具備在地的傳統元素。

2　**燈罩向上或向下，取決光源量。** 若空間中有增設間接照明，光源已十分充足，可選擇燈罩向上的燈具，整體會較柔和不刺眼；若是沒有間照的空間，建議燈罩要向下，較明亮清晰。

攝影＿Amily

攝影 _Amily

尺寸順應空間大小，比例要合宜

常常有很多屋主跟我反應，自己看了燈飾的型錄就下訂購買，裝上去才發現尺寸不是太大就是太小，事後要退換貨很麻煩。其實看型錄並不準，如果可以的話，親自到燈飾店現場感受燈具的尺寸大小。若是無法到現場，有些店家有試掛的服務，只需酌收工本費，可以事先詢問店家。

一般來說，在挑選客餐廳的主燈時，以空間和桌子的形狀為主要考量點。長桌或長形的空間中，選擇長形的吊燈；圓桌選擇圓形的，視覺上較為平衡。長形的燈飾也可以用數個單盞吊燈排成一列取代，這樣也很好看。若是超過120公分寬的桌子，要注意不能選單盞燈，否則只有一盞的情況下，會顯得燈具的比例偏小。

1	2	
		3

1 **燈具形狀依空間而定。**「長桌配長燈，圓桌配圓燈。」是搭配燈飾的基本概念，但可以依實際的造型和喜好而有所變通。但最終要注意的是，燈具和空間的比例要相合，不要在小空間配大型燈飾，容易顯得壓迫。

2 **畫龍點睛增添空間情調。**壁燈是歐洲國家常見的空間印象，移植到台灣多是作為點綴空間使用，小巧可愛的造型放在廊道或床頭都能讓空間更為豐富。

3 **不用一開始急著買燈飾。**裝潢到一個階段，等到木作施工快結束時，就能開始選購燈具了，這時每個房間的大小都已確定了，實際感受空間尺寸後再挑選會比較準確。

TIPS 挑燈具的原則

將近完工時再選燈具。燈具的大小會和空間尺度有關係，適度的留白能讓空間比例合宜。因此建議等到天花板封起、隔間做好，空間格局的大小就已具雛形，此時再去購買就能避免挑錯尺寸的問題。

人與吊燈之間留出 30～40 公分最好。吊燈懸吊的高度取決於居住者的身高，建議以最高者的身高為基準，客廳的吊燈留出 30～40 公分，餐廳可留 20 公分即可，避免行走時撞到。

空間風格設定要始終如一。燈具的風格一定要和空間的調性相同。常常有屋主買了不適合的燈具造型，放進空間中才發現不適合，因此下手前務必要注意風格是否一致。

攝影_Amily

| 推薦店家 |

愛維恩燈飾
地址：桃園縣同德五街 135 號
電話：03-356-4599
推薦理由：店主本身有外銷燈
具的經驗，常能入手各式風格
的燈飾，貨品非常齊全。同時
也能給客人尺寸大小、造型風
格的專業意見。

攝影_Amily

03 窗簾 & 壁紙

主、配角的比例要清楚，不要喧賓奪主

由於鄉村風中，窗簾和壁紙常常是提升氛圍的重要推手。即便是素白的空間，只要在牆面覆上花鳥圖騰的壁紙，立即呈現濃厚的鄉村風格。

挑選壁紙和窗簾時，顏色建議依照整體空間的色系去選擇，可以從牆面、傢具、抱枕等去取色。舉例來說，若沙發是紅色的，壁紙可以選擇同色的紅或是協調色的黃，讓整體呈現和諧的情景。壁紙最好貼在空間的主牆上，像是床頭背牆、客廳的沙發背牆或是玄關處，一入門就能看見，為空間創造視覺亮點。

在圖騰的搭配上，大多數的屋主對於帶有花色的窗簾和壁紙都有點卻步，因此可於其中選擇一個帶有花鳥圖騰的，另一個再搭配相同色系，像是用藍色花朵的壁紙，就搭配藍色的窗簾，以「一花一素色」的概念集中視覺焦點。

1	2

1　若空間已有主要的色系，在挑選窗簾等傢飾時，就依循相同的色系去選是最不容易出錯的。

2　窗簾也可以和抱枕選擇相同花紋，相互呼應產生和諧視覺。

圖片提供＿珈琲傢飾

1	2	
		3

窗簾造型，也具有風格表徵

窗簾除了能用圖騰花紋來表現鄉村風的特色，也能用造型來表現。像是波浪型的公主簾，本身造型就帶有甜美的浪漫氣息，搭配的窗型尺寸不宜太大，大概半窗大小即可。雙開簾或蛇型簾適合大型落地窗，能營造氣勢，同時蛇型簾的用布量較少，也能節省些預算。除了用窗簾之外，窗戶加上百葉窗後，就能呈現最道地的鄉村風空間，也不失為一個絕妙的方案。

窗簾的材質則依照屋主的生活習慣和日照量，一般若不會有西曬或隱私問題的話，可以選用單層紗簾，讓陽光順利透進，紗簾也能營造出輕柔甜美的氛圍。若要有遮光的效果，再加上一層厚質的遮光簾，兩者搭配相輔相成。

1　選擇窗簾時，不只可從花色圖紋下手，有時用窗簾本身的造型就足以表徵。像是波浪型的公主簾，本身的圓弧曲線就能營造出甜美輕柔的氣息，再加上蕾絲或紗的材質，就更對味了。

2　若害怕大面積的花紋圖騰過於沉重，可在牆面以線板邊框留白，降低視覺繁複度。

3　窗簾、壁紙的花紋繁多，在選購前先做好功課，才不會當下三心二意無法決定。在選擇時，最好壁紙、窗簾放在一起思考如何搭配，才不會造成不協調的樣子。

TIPS　挑窗簾＆壁紙的原則

從空間取色。窗簾、壁紙的選色，可依照牆面、傢具等去搭配協調，呈現或對比、和諧的空間視覺。

一花一素色，搭配不失手。建議選擇窗簾和壁紙時，其中一個選擇花色就好，不要兩個都用有圖騰的，才不會搶了主視覺。

窗簾盒深度不宜超過 25 公分。窗簾盒過深，會顯得厚重，整體視覺較為平板。建議不要大於 25 公分。

攝影_Amily

| 推薦店家 |

榭琳傢飾
地址：台北市信義區永吉路 302 號 B1
電話：02-2748-6768
推薦理由：榭琳傢飾的貨品齊全，從
平價到高價都有，而且售後服務周到，
舉凡尺寸更換、窗簾清洗等都會熱心
解決客人的問題。

圖片提供 _ 榭琳傢飾

攝影 _Amily

04 傢飾

主題先定好，現場挑貨不忙亂

在鄉村風的空間中，最讓人開心的就是可以放入許多收藏、傢飾，不管是掛鐘、假窗、盆栽、抱枕、相框、畫作，都可以作為家中的小綴飾，為居家注入人味和溫暖情調。

但收藏品這麼多，常常買很多放在家中，卻覺得與空間不搭，不然就是擺起來不好看，究竟要如何選對擺飾品，又要擺得好看又漂亮。最重要的就是先設定好自己的空間主題，像是家中以藍色為主的氛圍，可以擬定成海洋風，就可以選擇燈塔、帆船等讓主題明顯。因此，不能看到什麼就想買，這樣才不會亂了手腳，反而多買些與家中風格不符的東西。

另外，有些可以隨著換季佈置的裝飾品，像是有季節感的乾燥花圈、展示品，就可以在聖誕節、新年輪流替換，讓居家隨著歲月更替，充滿節慶的氛圍，就能更有生活感。

1	
	2

1 選擇相同元素或形狀的物品放一起，整體看起來會更和諧。像是玩偶、相框兩兩擺放，更能加乘視覺一致感。

2 畫框不只可以放牆上，也能放在地上作為擺飾，讓淨白的牆面也有主題。

攝影 _Amily

攝影 _Frankie

注意擺放比例不要失衡

買好傢飾後，就要找地方放了。一般來說，相框、畫作的擺放原則大致相同，單幅擺放在牆上，要注意畫框的尺寸大小是否和牆面相符，若是牆面很寬，建議選擇大尺寸的畫作，若是畫作尺寸太小，掛上去反而會覺得比例不對；除了用單幅外，也可利用多幅的畫作或相框排列，營造整齊畫一的視覺。若是不會掛畫，還有一種組合式的畫框，一體成形的造型直接固定好相框的位置，只要掛上就很有風味了。另外，畫框擺放的位置要在牆面的2/3高左右，這樣的視覺高度是最剛好的。

傢飾可以放在層架、櫃子、窗台、甚至是地板上。要注意的是，物品不要全部都一樣大或一樣高，稍微交錯前後放，大尺寸的放後面，小的放前面，創造遠近有層次的效果。

1	2	
		3

1　不只是可以在牆面掛畫，利用多種植物的擺放，也可以創造生意盎然的氛圍。

2　在配置相框的擺法時，建議先在牆面想像一個隱形的外框，界定出相框的範圍後，再決定相框如何上下擺放。可想像一道垂直或水平線在牆上，相框就依照這條線去對齊，自然會呈現規律性的視覺效果。

3　決定主題時，可依照自己的喜好、季節變換等因素，來調整居家佈置，不時變換一下，就能增加生活的小確幸。

TIPS　挑選傢飾的原則

設定主題，居家看起來就更一致。 事前做好功課，想清楚居家佈置主題，再行購買才不會失手花了很多錢。

挑選可替換的季節性物品。 選擇一些帶有節慶感、或本身有季節感的物品，讓居家隨著年歲有所更動，也能讓人感受到季節的變換。

前後擺放，視覺更有層次。 一般的擺飾品依照前低後高的原則放置，這樣的視覺比例才是平衡的。

攝影_Amily

| 推薦店家 |

Lulu home 精緻傢飾

地址：台中市文心路 3 段 125-1 號

電話：04-2315-1189

推薦理由：Lulu home 就像是雜貨店，什麼東西都有，不管是什麼類型的鄉村風物件都能在裡面挖到寶，適合想要一次買完所有裝飾小物的人。

攝影_Amily

Part 2
團購力量大

鄉村風的設計，軟裝佈置非常重要，當空間
裝修到最後階段，木工進場後，就是採購傢
具、傢飾的時刻，我們會號召裝修時間相近
的屋主們，一起團購，包括磁磚、木地板、
窗簾、燈飾、傢具、傢飾，透過團購的力
量，可以享有較好的優惠與折扣。

攝影_Amily

先做功課，團購才能快、狠、準

由於我們經常同時有好幾個案子進行設計、施工，因此為讓業主能透過揪團採購獲得店家的優惠折扣，我們會安排前後期的業主一起挑選建材、燈飾、傢具甚至軟裝佈置。

因為每個人的家風格設定與配色略有不同，且屋主通常會與家人一起參加團購，人多嘴雜的狀況下，若未事前做功課，很難快速掌握適合的物件。以燈飾為例，我們通常會先替業主篩選適合他們家風格的幾款燈飾，節省挑選時間。另外，屋主們也可以自己先上網做功課，心有定見，下手才能快、狠、準。

至於團購傢飾，有些人看到眼花撩亂的商品，就會舉棋不定，甚至因為別人買了某件裝飾品，自己受到感染而失心瘋。建議先想清楚家中哪些地方需要佈置，依空間、主題挑選，再衡量自己的荷包，千萬不要因為有團購折扣，一時衝動買下不適合的東西。

1	透過前後期進行設計、裝修中的屋主揪團採購方式，不僅可以讓原本互不相識的鄉村風同好，分享彼此的採買經驗，還可以享有店家較優惠的折扣，一舉兩得。
2	建材類的挑選，不論材質、價位及整體風格搭配，需要更多專業考量，多聽設計師的專業意見，避免造成裝修後才發現與風格不搭調的狀況而扼腕。

(TIPS) **團購秘訣**

事前做功課，風格不走調。
尤其是建材類，最好多聽設計師專業意見，才不會讓整體風格變調。

家人有共識，避免三心二意。 人多嘴雜是團購常遇到的問題，家族成員最好彼此先對於材質、色彩、價格有一定程度的共識。

心中有定見，切忌人云亦云。 有不少屋主會因團購便宜亂買，即便家中也有雷同的物件也會貪便宜多買，建議把錢花在刀口上，別受人影響而失控。

Part 3
買到國外去啦

鄉村風軟裝佈置，包括傢飾、傢具，
除了透過台灣進口商購買外，若有足
夠經濟能力，也可出國採購，遠赴歐
洲、美國採購所費不貲，距離台灣最
近的日本、泰國或中國大陸都可買到
價位合宜，適合鄉村風的佈置品。

精打細算，趁折扣季出國採購

不論去日本、泰國或中國大陸採購，若非自己時間無法配合，不妨考慮趁換季出清，或聖誕節、甚至日本新年折扣期間採買，因為有些季節性商品或與節日相關的佈置，會在這種時候特別便宜，說不定讓你這一趟採購之旅，意外挖到寶，撿到便宜。

日本鄉村風商品市場成熟，包括東京、大阪、京都、甚至福岡都有特別以販賣鄉村風商品為主的商店街或商場。在泰國最好逛的就是恰圖恰，可買的商品較偏向異國風飾品，除了燈飾、織品、碗盤、園藝用品外，甚至還可買到適合鄉村風的花磚等特殊建材。

關於運送的問題，一向是大家的心頭痛。在日本採購則完全不用擔心，因為日本人一板一眼的民族性使然，只要把商品送進便利商店或郵局，填寫寄送文件，就可以安心在家等貨家。至於在泰國，因為海關流程經常出問題，若買了較多或較貴的物品需要報關，最好先在國內找好熟悉的報關行，千萬不要病急亂投醫，隨便在當地找報關行。因為我們就曾經和同行的設計師一起去泰國採買，對方臨時找了一間當地報關行，沒想到運送、打包過程不專業，導致好不容易買到的畫作，寄到台灣時卻全都已經破碎、毀壞了。

TIPS　**帶貨秘訣**

能手提帶回，就不寄貨運。對一般消費者來說，除非大宗採購，或行李已超重，部分易碎品可以手提的，就盡量不要用貨運，這樣會比較安全。

事前查詢報關行的評價。日本可以直接送到便利商店或者郵局寄送，安全無虞。泰國的報關、打包流程易出問題，最好先在台灣找好專業、熟悉的報關行，到當地直接在分公司處理。

| 1 |
| 2 |

1　日本的鄉村風商品非常成熟，許多大城市都有專賣鄉村風佈置的商店街和商場可以選購，挑季節性折扣期間出國採購，可用俗擱大碗的價格，挖到寶。

2　曼谷的恰圖恰 Chatuchak weekend market 號稱世界最大露天市集，是非常適合鄉村瘋迷的周末市集，裡面商品應有盡有，商品雖大多帶有東風方或偏異國風，甚至可找到適合鄉村風的花磚等建材。

大推薦！好逛好買的鄉村風店家

| 傢具 |

伊莎艾倫傢具
Tel：02-2876-5808
Adress：台北市士林區天玉街 41 號

豐澤園
Tel：02-2790-7212
Adress：台北市內湖區舊宗路一段 150 巷 53
號 1 ～ 3 樓
Blog：neihu8888.pixnet.net/blog

| 門窗 |

晶典實業
Tel：02-2283-5505
Adress：新北市蘆洲區長興路 399 號 1 樓
Web：www.jingdian.com.tw

| 傢飾 |

Natural Kitchen
Tel：02-8773-8498
Adress：台北市大安區復興南路一段 107 巷
5 弄 12 號

| 五金 |

東順五金
Tel：02-2766-7488
Adress：台北市信義區永吉路 232 號

| 海外採購 |

Chatuchak Weekend Market 恰圖恰市集
泰國曼谷最大的週末市集，約有上萬個攤位。
由於幅員廣大，建議要穿好走的運動鞋，同時
要小心扒手。
Open time:六、日，8:00am ～ 18:00pm（少
部分至 22：00pm）

INOBUN
日本的連鎖生活雜貨店，琳瑯滿目的鄉村風商
品，精緻又可愛，非常建議喜歡鄉村風的人去
逛逛，肯定會瘋狂大肆搶購。
Web：www.inobun.com/index.html

MONTE ROSA
是一間位於京都的雜貨屋，雖然是間小店，但
店主的眼光品味不錯，常會有令人驚喜的可愛
雜貨，去到京都的人，建議可以走一趟。
Web：ameblo.jp/bonjour-monterosa/

L'arredo
泰國曼谷的傢飾傢具店，可以買到好看的鄉村
風傢具。
Web：www.larredo.net

PBteen
為國外傢飾購物平台，有許多高品質的美型商
品，適合在家任意 shopping。
Web：www.pbteen.com

鄉村風採購 COUPON

讀者專屬優惠

榭琳傢飾

來店消費滿 NT.5,000 即贈送精美抱枕
乙個（價值 NT.3,000 元）

數量有限，送完為止

活動時間：即日起至 2015 / 1 / 30
活動地址：台北市信義區永吉路 302 號 B1
電　　話：02-2748-6768

限用一次，影印無效。

Lulu home 精緻傢飾

憑優惠券　定價品 68 折
　　　　　特惠品 95 折

活動時間：即日起至 2015 / 1 / 30
活動地址：台中市文心路 3 段 125-1 號
電　　話：04-2315-1189

限用一次，影印無效。

愛維恩燈具

憑優惠券來店消費
即送精美小擺飾

活動時間：即日起至 2015 / 1 / 30
活動地址：桃園縣桃園市同德五街 135 號
電　　話：03-356-4599

限用一次，影印無效。

艾美精品家居

憑優惠券來店消費
享有全館商品正常折扣後可再 95 折優惠

活動時間：即日起至 2015 / 1 / 30
活動地址：艾美精品家居（概念店）/
　　　　　台北市內湖區新湖一路 128 巷 15 號 2F
電　　話：02-2791-3089

注意事項：1 此折扣券無法搭配其他活動使用。
　　　　　2 活動內容以門市公告為主。
限用一次，影印無效。

九如實業

憑優惠卷與九如實業股份有限公司簽定
木地板合約
完工後即贈送比利時 QUICK STEP 原
廠清潔劑乙罐

活動時間：即日起至 2015 / 01 / 30
活動地址：台北市建國北路一段 90 號 9F
電　　話：02-2506-2585

限用一次，影印無效。

展譽國際有限公司

憑優惠券消費
即贈送手工馬賽克一才

活動時間：即日起至 2015 /01 / 30
活動地址：台北市中正區金山南路一段 66 號
電　　話：02-2391-2626

注意事項：1 此折扣券無法搭配其他活動使用。
　　　　　2 活動內容以門市公告為主。
限用一次，影印無效。

國家圖書館出版品預行編目 (CIP) 資料

鄉村風訂製專賣店 / 王思文，汪忠錠合著 . -- 初
版 . -- 臺北市：麥浩斯出版：家庭傳媒城邦分公
司發行，2014.11
面；　公分 . -- (Designer；24)
ISBN 978-986-5680-65-7(平裝)
1. 家庭佈置　2. 室內設計　3. 空間設計

422.5　41113-31　　103021521

Designer 24

鄉村風訂製專賣店

鄉村風天后 Vivian 不藏私，色彩、佈置、傢具採購大公開

作者｜　王思文、汪忠錠

責任編輯｜　蔡竺玲
封面＆版型設計｜　王彥蘋
美術設計｜　梁淑娟、詹淑娟
行銷企劃｜　許宜惠

發行人｜　何飛鵬
總經理｜　許彩雪
社長｜　林孟葦
總編輯｜　張麗寶
叢書主編｜　楊宜倩
叢書副主編｜　許嘉芬

出版｜　城邦文化事業股份有限公司　麥浩斯出版
地址｜　104 台北市中山區民生東路二段 141 號 8 樓
電話｜　02-2500-7578
E-mail｜　cs@myhomelife.com.tw

發行｜　英屬蓋曼群島商家庭傳媒股份有限公司城邦分公司
地址｜　104 台北市民生東路二段 141 號 2 樓
讀者服務專線｜　0800-020-299 （週一至週五 AM09:30 ～ 12:00；PM01:30 ～ PM05:00）
讀者服務傳真｜　02-2517-0999
E-mail｜　service@cite.com.tw
劃撥帳號｜　1983-3516
劃撥戶名｜　英屬蓋曼群島商家庭傳媒股份有限公司城邦分公司

香港發行｜　城邦 (香港) 出版集團有限公司
地址｜　香港灣仔駱克道 193 號東超商業中心 1 樓
電話｜　852-2508-6231
傳真｜　852-2578-9337

馬新發行｜　城邦 (馬新) 出版集團 Cite (M) Sdn Bhd
地址｜　41, Jalan Radin Anum, Bandar Baru Sri Petaling,
57000 Kuala Lumpur, Malaysia.
電話｜　603-9057-8822
傳真｜　603-9057-6622

總經銷｜　聯合發行股份有限公司
電話｜　02-2917-8022
傳真｜　02-2915-6275

製版印刷｜　凱林彩印股份有限公司
版次｜　2014 年 11 月初版一刷
定價｜　新台幣 380 元整